Huda Lughbi
Mourad Mars
Khaled Almotairi

Tirar partido da IA e da PNL para uma melhor informação sobre ameaças:

Huda Lughbi
Mourad Mars
Khaled Almotairi

Tirar partido da IA e da PNL para uma melhor informação sobre ameaças:

Um painel interativo alimentado por IA para visualização de tweets de ciberataques.

ScienciaScripts

Imprint

Cover image: www.ingimage.com

This book is a translation from the original published under ISBN 978-620-7-45995-7.

Publisher:
Sciencia Scripts
is a trademark of
Dodo Books Indian Ocean Ltd. and OmniScriptum S.R.L publishing group

120 High Road, East Finchley, London, N2 9ED, United Kingdom
Str. Armeneasca 28/1, office 1, Chisinau MD-2012, Republic of Moldova, Europe
Printed at: see last page
ISBN: 978-620-7-68495-3

Resumo

As preocupações com a cibersegurança estão a aumentar com o aumento dos ciberataques. A análise das redes sociais públicas, como o Twitter, permite obter informações sobre estes ataques, mas o processamento manual da grande quantidade de dados é demasiado lento. Por conseguinte, sugerimos a criação de um painel de controlo alimentado por IA para a classificação e visualização em tempo real de informações sobre ciberataques. O painel de controlo, baseado na utilização do Processamento de Linguagem Natural e de Modelos de Linguagem de Grande Dimensão para classificação, tem capacidades de visualização promissoras, destacando o seu potencial como uma ferramenta valiosa para organizações e indivíduos que procuram uma visão geral intuitiva e abrangente dos eventos de ciberataques.

Palavras-chave: ciberataques, IA, PNL, tweets, painel de visualização

Currículo

As preocupações em matéria de segurança cibernética aumentam com o aumento dos ataques cibernéticos. A análise dos meios de comunicação social públicos, como o Twitter, dá uma ideia destes ataques, mas o tratamento manual da grande quantidade de dados é demasiado lento. Por conseguinte, sugerimos a criação de uma tabela de base alimentada pela IA para a classificação e visualização em tempo real das informações sobre os ciberataques. A tabela de bordos, baseada na utilização do tratamento da linguagem natural e de grandes modelos de linguagem para a classificação, possui capacidades de visualização prometedoras, revelando o seu potencial enquanto ferramenta preciosa para as organizações e os indivíduos que procuram uma visão intuitiva e completa dos acontecimentos da ciberataque.

Mots-clés: cyber-attaques, NLP, tweets, tableau de bord de visualisation.

Quadros de conteúdos

Acrónimos e definições

API	Interface de programação de aplicações
ARPANET	Rede da Agência de Projectos de Investigação Avançada
CNM	Gestão de redes de comunicações
CNN	Rede Neural Convolucional
DDoS	DoS distribuído
DoS	Negação de serviço
DT	Árvore de decisão
FN	Falso negativo
PF	Falso positivo
GEO-IP	Protocolo Geográfico da Internet
SIG	Sistema de Informação Geográfica
JSON	Notação de objectos JavaScript
KNN	K Vizinhos mais próximos
LR	Regressão logística
MLP	Perceptron multicamada
MNB	Multinomial Naive Bayes
PNL	Processamento de linguagem natural
NLTK	Kit de ferramentas de linguagem natural
NSA	Agência de Segurança Nacional
RF	Florestas aleatórias
SQL	Linguagem de consulta estruturada
SVM	Máquina de vetor de suporte
TF-IDF	Frequência de termos-Inverter frequência de documentos
TN	Verdadeiro negativo
TP	Verdadeiro positivo

Capítulo Um: Introdução n

As tecnologias aplicadas e os sistemas baseados na Web estão a ser continuamente desenvolvidos nas organizações [1],[2] No entanto, a vulnerabilidade e os riscos das ameaças à cibersegurança, quer estejam localizadas dentro da organização (ameaças internas) ou fora dela (ameaças externas), também estão a aumentar e a desenvolver-se. As ameaças internas são os empregados que podem ter intenções malévolas devido ao descontentamento do seu empregador, ao antagonismo dos valores da empresa ou a motivos pecuniários. Assim, perturbam, roubam informações de clientes ou da empresa e participam na cibercriminalidade por conta de terceiros [3], [4]. Em contrapartida, as ameaças externas representam todos os grupos de ciberatacantes exteriores às empresas. Representam uma grande percentagem dos ciberataques às organizações [5] São efectuadas várias investigações para ajudar as organizações a proteger as suas informações sensíveis relacionadas com os seus clientes, operações internas ou parceiros contra potenciais ameaças. Isto é conhecido como segurança da informação, que significa a proteção dos recursos de informação contra o acesso não autorizado, em que as pessoas autorizadas apenas têm acesso aos recursos de informação, incluindo redes, software e hardware. [6].

Por cibersegurança entende-se a proteção das redes de informação e comunicação contra ciberameaças ou ciberataques em redes, utilizando um conjunto de ferramentas, conceitos de segurança, políticas, orientações, salvaguardas de segurança, acções, práticas, tecnologias e abordagens de gestão de riscos para proteger toda a rede da organização [7], [8]. São propostas e utilizadas diferentes ferramentas de segurança, tais como palavras-passe, técnicas de encriptação de dados, sistemas de deteção de intrusões na rede e firewalls baseadas no anfitrião, como a Firewall do Windows, que vem incluída em cada sistema operativo Windows [9]. No entanto, estas ferramentas estão limitadas a uma única área, tipo de ameaça e/ou aplicação. Isto aumentou a necessidade de ferramentas de análise mais generalizadas que possam ser facilmente compreendidas por especialistas e não especialistas com base na utilização de dados disponíveis gratuitamente na Internet, incluindo qualquer informação de fonte aberta que ilustre dados actualizados sobre cibersegurança. [10], [11]

Por conseguinte, estão a ser desenvolvidas ferramentas automatizadas eficientes de cibersegurança para detetar a presença de ataques nas regiões circundantes e elaborar planos eficazes para os evitar ou enfrentar. Para o efeito, recorre-se sobretudo ao Processamento de

Linguagem Natural, um ramo da inteligência artificial que permite aos computadores compreender, produzir e manipular a linguagem humana. É capaz de interrogar os dados com texto ou voz em linguagem natural. Combina diferentes modelos de linguística computacional, aprendizagem automática e aprendizagem profunda para processar a linguagem humana. [12]

Recentemente, todos os últimos acontecimentos e notícias sobre ciberataques são divulgados todos os dias em plataformas de redes sociais, como o Facebook, o Instagram e o Twitter [13]. Hoje em dia, as pessoas utilizam amplamente estas plataformas em todo o mundo para comunicar, enviar mensagens, partilhar informações e interagir umas com as outras. Isto, por sua vez, resulta numa enorme quantidade de dados publicados diariamente sobre vários tópicos. Entre as plataformas de redes sociais, o Twitter é capaz de atuar como um agregador natural de múltiplas fontes [14]. Oferece também um conjunto enorme e diversificado de utilizadores, atualidade, elevada acessibilidade e, por conseguinte, um grande volume de dados. Todas estas propriedades do Twitter continuam a ser verdadeiras no domínio da cibersegurança, onde inclui um fluxo rico e oportuno de dados relacionados com a segurança provenientes de organizações, investigadores, pessoas e grupos de hackers. [15]

Os painéis de controlo são geralmente ferramentas normalizadas utilizadas para acompanhar os dados, resumindo as informações sob a forma de uma ferramenta comercial para ajudar a tomar decisões estratégicas. Um painel de controlo é, em geral, a apresentação visual de informações utilizadas para monitorizar as condições e facilitar a compreensão, bem como para aumentar o âmbito de controlo sobre os dados, a fim de ajudar as pessoas a reconhecer visualmente as tendências, anomalias e padrões e a tomar decisões eficazes [16]. Fornece informações aos gestores sobre quaisquer dados anómalos. Assim, diminui os relatórios desnecessários e poupa tempo de trabalho para tarefas relevantes, concentrando-se em informações significativas para obter um processo de tomada de decisão eficiente [17]. Assim, os painéis de controlo são capazes de oferecer métodos de apresentação de informações poderosos e únicos, apresentando visualmente o material com recurso a elementos gráficos e de texto que simplificam a tomada de decisões superiores, concentrando-se em partes de informação relacionadas no conjunto de dados. [18].

O objetivo deste projeto é a análise e visualização automática de notícias sobre ciberataques recolhidas do Twitter. Este projeto baseia-se na criação de um painel de visualização baseado em NLP para ilustrar informações sobre ataques, tais como os seus nomes, localizações e hora de ocorrência. Desta forma, o painel de controlo pode ajudar as organizações a analisar facilmente esses dados e a elaborar os seus planos de segurança.

1.1. Motivação

O número, a amplitude e a profundidade dos incidentes relacionados com ciberataques aumentaram nos últimos anos, tanto em organizações governamentais como privadas, em todo o mundo. Os tipos mais comuns de ciberataques são o malware, os cavalos de Troia, o phishing, a negação de serviço (DoS), o adware e a injeção de linguagem de consulta estruturada (SQL). Os ciberataques incluem o roubo de dados sensíveis das empresas, o ataque aos dados dos clientes das organizações e o ataque às redes de pagamento através de fraudes e violações em linha. Isto, por sua vez, resulta em perdas financeiras directas, danos nas marcas e perda de confiança dos clientes. Assim, este número crescente de incidentes é uma indicação óbvia das limitações das estratégias utilizadas para proteger as propriedades da informação. Além disso, os ataques são agora capazes de atingir as organizações em qualquer altura e em qualquer lugar. [19], [20]

Assim, a importância da cibersegurança aumentou recentemente devido à sua capacidade de proteger todos os tipos de dados contra danos e roubo. Embora as organizações apliquem várias medidas de segurança para proteger os seus sistemas, sem aplicar programas de cibersegurança, continuam a ser alvos apetecíveis para os cibercriminosos, onde as violações e os ataques podem sempre encontrar formas de quebrar os seus sistemas. Outro ponto essencial é o facto de as organizações dependerem de medidas de segurança específicas para os seus departamentos, o que é praticamente inútil, uma vez que cada um dos seus departamentos tem de adotar as suas próprias medidas de segurança e de gestão de riscos, em função das suas aplicações e funcionamento. Por outro lado, a aplicação de programas de cibersegurança garante a aplicação de tecnologias, processos e métodos unificados para proteger todas as redes e dados com base na utilização de processos, tecnologias, métodos e sistemas informáticos unificados. [7]

O aumento contínuo do número de ciberataques, os principais efeitos desses ataques nas organizações em todo o mundo, a fragilidade dos sistemas de segurança aplicados nas organizações e a importância dos sistemas de cibersegurança na proteção dos dados contra ataques novos e em desenvolvimento motivaram os investigadores a realizar investigações aprofundadas sobre esses ataques, a fim de determinar os seus efeitos, as regiões de ocorrência e a forma de lidar com eles. Assim, estão a ser realizadas várias investigações para recolher e analisar as notícias e os dados disponíveis sobre ataques, a fim de ajudar as organizações a analisar as notícias recentes sobre os diferentes ataques de cibersegurança e a forma de lidar com eles. [21]

Recentemente, os investigadores tendem a recolher informações e dados sobre ciberataques utilizando plataformas de redes sociais, como o Facebook e o Twitter. Isto deve-se à sua ampla utilização por pessoas de todo o mundo para comunicar, enviar mensagens, partilhar informações e interagir umas com as outras. Por outras palavras, é adicionada diariamente uma enorme quantidade de dados nas redes sociais, por exemplo, as pessoas publicam cerca de 500 milhões de tweets por dia no Twitter [22]. De acordo com as estatísticas apresentadas em 2021, cerca de 4,48 mil milhões de pessoas utilizam as redes sociais a nível mundial, o que significa que os utilizadores das redes sociais representam cerca de 57% da população mundial [23]. A maioria dessas pessoas publica informações sobre eventos antes ou durante a sua ocorrência, o que motivou os investigadores a recolher o máximo de informações possível sobre ameaças à cibersegurança e a classificá-las para tomar as medidas necessárias para lhes dar resposta. Além disso, a análise exacta desses dados pode ajudar a desenvolver quadros de sensibilização para as ciberameaças.

Assim, as plataformas de redes sociais permitem obter notícias sobre qualquer novo tipo de ataque, como a sua localização, hora de ocorrência, sectores atacados e dados atacados. Isto acontece porque todas as notícias actualizadas sobre qualquer novo ciberataque são publicadas imediatamente e tornam-se uma tendência. Por outro lado, a publicação de artigos noticiosos sobre um novo ciberataque demora mais tempo e exige mais esforços. Além disso, os artigos publicados podem não abranger todas as regiões afectadas, enquanto as pessoas publicam sempre tweets sobre a presença e a localização de qualquer novo ataque. Esta é a principal razão que incentiva os investigadores a utilizarem as plataformas das redes sociais em vez de artigos publicados para recolherem todas as notícias mais recentes.

Entre as plataformas de redes sociais, o Twitter permite que os utilizadores registados publiquem tweets com um máximo de 140 caracteres. Por conseguinte, é a forma mais rápida, fácil e breve de estabelecer contacto com outros utilizadores utilizando palavras curtas. O Twitter também é suportado pela Interface de Programação de Aplicações (API) do Twitter, que é um conjunto de pontos finais programáticos que podem ser implementados para reconhecer ou criar uma conversa no Twitter. Por conseguinte, esta API permite aos utilizadores encontrar e recuperar, interagir ou criar diferentes recursos, incluindo Tweets, Utilizadores e Espaços. O Twitter também é valorizado, popular e melhor para fins comerciais quando comparado com outras redes sociais. Além disso, é utilizado por quase todos os especialistas e personalidades famosas de todos os domínios. Além disso, todos os utilizadores registados têm contas verificadas para provar a sua fiabilidade e, por conseguinte, é possível recolher informações mais fiáveis utilizando esta plataforma. A figura 1.1 mostra o aumento do número de utilizadores do Twitter no período de 2017 a 2022 [24]. É óbvio, a partir da figura, que o número de utilizadores registados no Twitter está a aumentar ao longo dos anos.

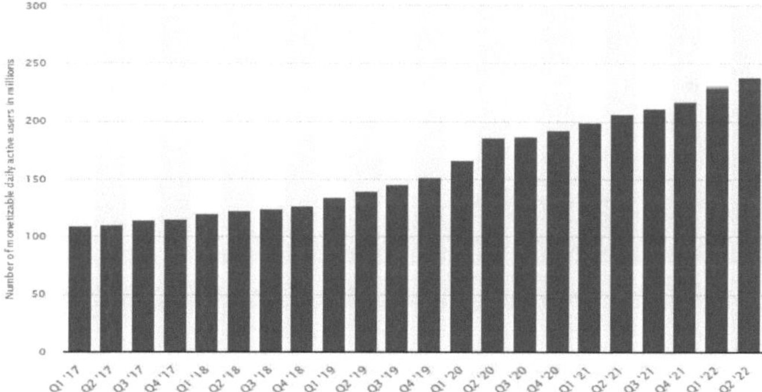

Figura 1. 1 o aumento do número de utilizadores do Twitter no período de 2017 a 2022 (statista, 2023)

A figura 1.2 abaixo mostra, por sua vez, os países com mais utilizadores do Twitter (em milhões) no ano de 2021 [25]. De acordo com esta figura, o Twitter é mais utilizado nos Estados Unidos e depois no Japão. Além disso, entre todos os países árabes, a Arábia Saudita tem o maior número de utilizadores do Twitter.

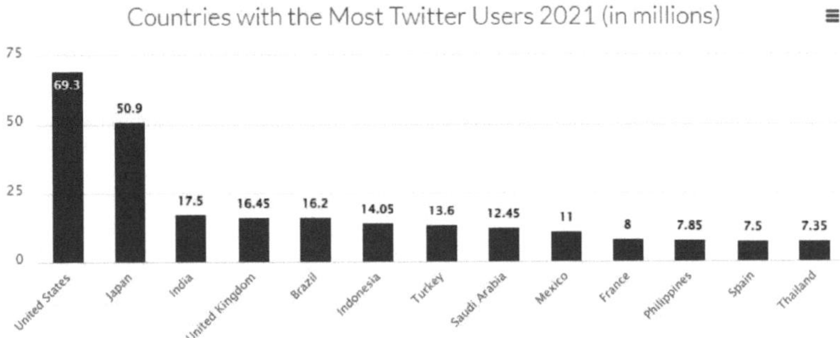

Figura 1. 2 os países com mais utilizadores do Twitter (em milhões) no ano de 2021 (finances-online, 2023).

A figura 1.3 mostra a distribuição dos utilizadores do Twitter a nível mundial por grupo etário em 2021 [25]. Pode revelar-se que a maioria dos utilizadores do Twitter se encontra na faixa etária dos 18 aos 49 anos.

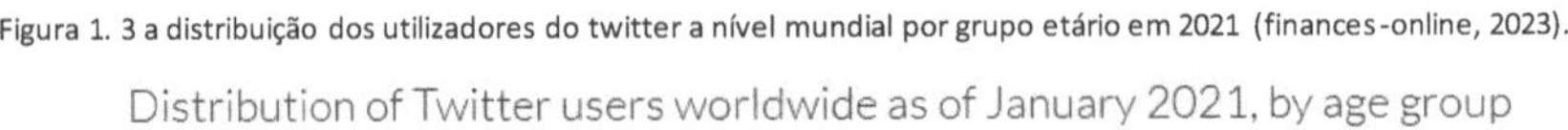

Figura 1. 3 a distribuição dos utilizadores do twitter a nível mundial por grupo etário em 2021 (finances-online, 2023).

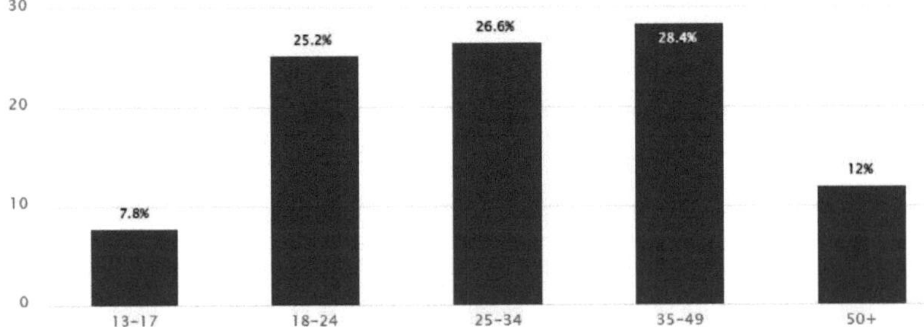

A figura 1.4 abaixo ilustra as actividades mais comuns dos utilizadores no Twitter [25]. É óbvio que os utilizadores utilizam o Twitter principalmente para publicar e partilhar notícias sobre eventos futuros.

Figura 1. 4 as actividades mais comuns dos utilizadores no Twitter (finances-online, 2023)

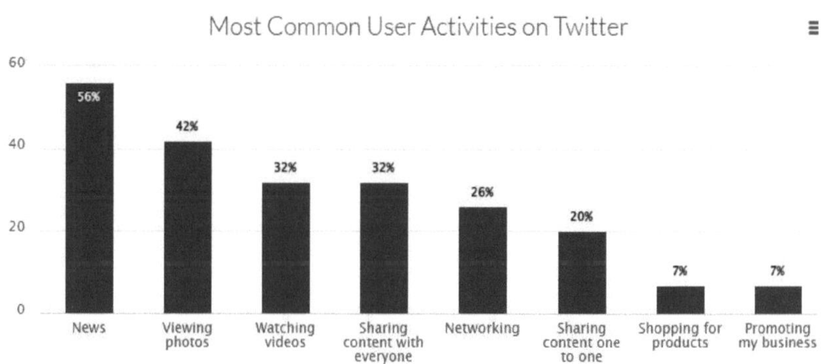

Assim, a plataforma Twitter oferece inúmeras notícias diárias sobre ciberataques que necessitam de esforços e períodos de tempo excessivos para serem recolhidos e analisados. Além disso, a tabulação desses dados é um processo longo e moroso. Assim, a importância da cibersegurança para as organizações protegerem os seus dados de ciberataques, e a necessidade de soluções simples e eficazes para analisar automaticamente notícias sobre ciberataques motivaram a realização deste projeto. Assim, é criado um painel de controlo automatizado baseado em PNL que permite aceder livre e rapidamente a um mapa visual em tempo real para ver informações essenciais sobre ataques, as suas localizações, a hora de ocorrência e os nomes de .

A pesquisa em linha realizada anteriormente revelou que não existe um conjunto de dados que classifique as notícias sobre ciberataques como o projeto exige, pelo que é criado um novo conjunto de dados. Este baseia-se na procura de tweets relacionados utilizando palavras-chave específicas. As palavras-chave mais relevantes e adequadas são identificadas com base numa extensa investigação e experimentação. A cadeia de entrada inclui uma palavra-chave geral, que é o tipo de ataque. Essa palavra-chave foi definida como uma variável no sistema para obter um comportamento mais dinâmico. A variável definida pode ser editada se houver necessidade de alterar ou acrescentar um tipo de ataque a pesquisar no futuro. As palavras-chave escolhidas são depois utilizadas para devolver tweets relacionados com notícias sobre ciberataques, utilizando a interface de programação de aplicações (API) de streaming do Twitter.

1.2. Questões de investigação

O objetivo deste projeto é criar um painel de controlo eficiente e automatizado para ilustrar informações sobre os ataques mais recentes, incluindo a região de ocorrência, a hora de ocorrência e os respectivos nomes, com base na recolha de tweets publicados no Twitter que contenham notícias sobre ciberataques. As principais questões de investigação que precisam de ser respondidas com base no âmbito do projeto são:

RQ1: Que métodos podem ser utilizados para construir um conjunto de dados do projeto e recolher as notícias mais recentes sobre ciberataques na plataforma Twitter?

Esta questão de investigação pode ser aprofundada através da análise das seguintes sub-questões:

- Quais são as estratégias para garantir que o conjunto de dados construído é estritamente composto por notícias relacionadas com ciberataques?
- Quais são as melhores práticas de processamento de dados para obter resultados exactos a partir dos dados recolhidos?
- Que medidas podem ser tomadas para garantir a fiabilidade e a validade dos dados recolhidos?

RQ2: Como classificar eficazmente os dados recolhidos (notícias, não notícias e notícias de alto risco)?

Esta questão de investigação pode ser aprofundada através da análise das seguintes sub-questões:

- Qual é a melhor forma de modelar os tweets e representar as suas características?
- Quais são os melhores métodos de aprendizagem supervisionada que podem ser aplicados para classificação (aprendizagem automática, aprendizagem profunda ou transformadores)?
- Quais são as principais métricas de avaliação de desempenho consideradas para avaliar o desempenho do classificador?

RQ3: Como criar o painel de controlo automatizado proposto para ilustrar os dados recolhidos sobre ciberataques?

Esta questão de investigação pode ser aprofundada através da análise das seguintes sub-questões:

- Quais são as melhores páginas para incluir no painel de controlo?
- Quais são as principais propriedades e ferramentas a ter em conta durante a criação do painel de controlo proposto?

1.3. Objectivos de investigação

Esta investigação pretende dar resposta aos dois objectivos principais seguintes:

- Construir um conjunto de dados que inclua as últimas notícias sobre ciberataques recolhidas a partir de tweets publicados no Twitter.
- Criar e apresentar um painel de controlo automatizado melhorado para mapear visualmente os ciberataques recentes, as suas localizações, nomes e horas de ocorrência.

1.4. Esboços de livros

Neste capítulo, é feita uma breve introdução sobre o tema, a motivação, as questões e os objectivos do projeto. Os restantes capítulos estão organizados da seguinte forma: O Capítulo 2 revê alguns dos trabalhos relacionados recentemente publicados sobre sistemas de classificação e visualização de cibersegurança . O capítulo 3 descreve o método seguido para recolher e construir o conjunto de dados do projeto e as fases de pré-processamento e anotação dos dados aplicados aos dados recolhidos. O capítulo 4 descreve as fases da metodologia e as experiências realizadas e avalia o desempenho com base no cálculo de diferentes métricas de avaliação. O capítulo 5 aborda o painel de controlo proposto e a visualização dos dados. O Capítulo 6 conclui o trabalho realizado neste livro e sugere alguns trabalhos que podem ser realizados no futuro para melhorar o trabalho atual .

Capítulo Dois: Revisão da literatura

Ao longo dos anos, a cibersegurança tem-se tornado cada vez mais importante, uma vez que pode proteger eficazmente todos os tipos de dados contra danos e roubo, incluindo dados sensíveis ou pessoais, sistemas de informação governamentais e industriais e informações de identificação pessoal. Embora as organizações apliquem várias medidas de segurança para proteger os seus sistemas, sem um programa de cibersegurança, tornam-se alvos apetecíveis para os cibercriminosos. Além disso, as violações de dados e os ataques em constante desenvolvimento podem sempre encontrar formas de quebrar os seus sistemas de segurança. Por outro lado, com a cibersegurança, podem ser aplicadas tecnologias, processos e métodos unificados para proteger redes, dados e sistemas informáticos contra ataques [7]. Por conseguinte, estão a ser realizadas numerosas e consideráveis investigações no domínio da cibersegurança para recolher e analisar notícias e dados disponíveis sobre os ataques mais comuns à cibersegurança, como malware, cavalos de Troia, phishing, DoS, adware e injeção de SQL. A classificação desses dados pode, por sua vez, ajudar as organizações a analisar as notícias recentes sobre os diferentes ataques de cibersegurança e a forma de lidar com eles. [21]

Este capítulo está dividido em duas partes: a primeira parte é sobre os ataques de cibersegurança nas redes sociais, que se centra na revisão de vários estudos de investigação sobre a recolha e análise de notícias e dados de ataques de cibersegurança no Twitter. A segunda parte é sobre a visualização de dados de cibersegurança, que se centra na revisão de vários estudos de investigação sobre a visualização de ataques de cibersegurança em dashboards.

2.1 Ataques à cibersegurança e redes sociais

Recentemente, as plataformas de redes sociais, como o Facebook e o Twitter, estão a ser amplamente utilizadas em todo o mundo para comunicar, enviar mensagens, partilhar informações e interagir uns com os outros. Por conseguinte, é adicionada diariamente uma enorme quantidade de dados nas plataformas de redes sociais. Por exemplo, os utilizadores publicam cerca de 500 milhões de tweets por dia no Twitter [22]. Como foi recentemente referido, cerca de 4,48 mil milhões de pessoas em todo o mundo utilizam plataformas de redes sociais [23]. Muitas dessas pessoas publicam informações sobre eventos antes ou durante a sua ocorrência. Por conseguinte, os investigadores consideraram vital recolher dados sobre as ameaças à cibersegurança utilizando plataformas de redes sociais. Além disso, a análise exacta desses dados pode ajudar a desenvolver quadros de sensibilização para as ciberameaças. O processo geral de identificação de eventos utilizando as redes sociais pode ser resumido da seguinte forma:

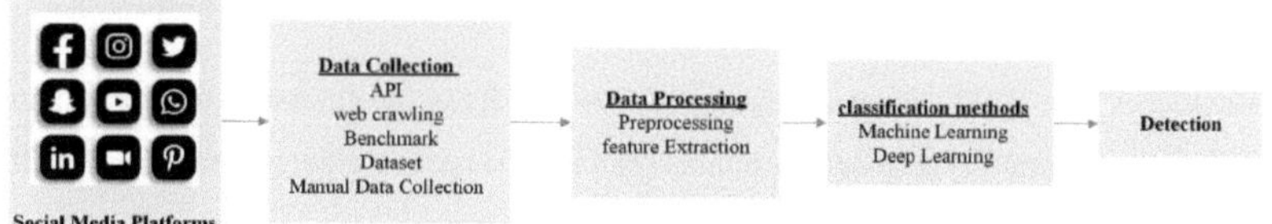

Figura 2. 1 identificação de eventos através das redes sociais

Os métodos de aprendizagem supervisionada mais utilizados para classificar os dados de ciberataques recolhidos em plataformas de redes sociais são os métodos de aprendizagem automática e os métodos de aprendizagem profunda. Alguns dos modelos de classificação de dados de ciberataques mais avançados propostos recentemente. [26] [30] que utilizam ambos os métodos de aprendizagem são analisados nas subsecções seguintes.

2.1.1.1. Classificação dos Tweets de Cibersegurança com base na aprendizagem automática

Investigadores em [26] propuseram um modelo automatizado para classificar os tweets como relevantes ou irrelevantes para as ameaças à cibersegurança, utilizando um classificador Support Vetor Machine (SVM) de uma classe de novidade. Os tweets foram inicialmente recolhidos de 50 contas relacionadas com a cibersegurança ao longo de um ano e depois pré-processados para remover termos desnecessários, como números, palavras de paragem, hiperligações, menções e hashtags. De seguida, foram extraídas características dos dados pré-processados utilizando a técnica Term Frequency-Invert Document Frequency (TF-IDF). A métrica de avaliação da aprendizagem automática considerada para avaliar o desempenho do modelo é a pontuação F1. Trata-se de uma métrica que mede a exatidão do modelo através da combinação das pontuações de precisão e de recuperação de um modelo. Os resultados revelaram uma pontuação F1 de 0,643 para o classificador SVM único, em comparação com os classificadores SVM, Multilayer Perceptron (MLP) e Convolutional Neural Network (CNN), que registaram pontuações F1 de 0,629, 0,606 e 0,539, respetivamente.

Investigadores em [27] desenvolveram vários modelos de classificação baseados na aprendizagem automática para detetar contas relacionadas com a cibersegurança no Twitter. A API de amostragem do Twitter foi utilizada para recolher tweets que incluem discussões sobre cibersegurança. As contas do Twitter associadas aos dados recolhidos foram classificadas manualmente em contas relacionadas e não relacionadas. O conjunto de dados etiquetados foi depois introduzido num classificador de base para classificar as contas gerais relacionadas com a cibersegurança. Em seguida, foram adoptados três outros subclassificadores para classificar as contas relacionadas em três tipos: indivíduos, hackers e académicos. Devido à construção de vários classificadores, foi definido um conjunto rico de características; cada tipo de características mediu um aspeto útil de uma conta do Twitter para treinar e testar quatro modelos de aprendizagem automática; Árvore de Decisão (DT), Florestas Aleatórias (RF), SVM e Regressão Logística (LR). O modelo de classificação baseado na Floresta Aleatória foi o modelo com melhor desempenho, tendo registado a maior precisão de 93% para o classificador de base e uma precisão de 88-91% para os três subclassificadores .

Investigadores em [28] propuseram a abordagem Darkintellect para detetar ciberameaças a partir de tweets utilizando técnicas de aprendizagem automática. Cerca de 21000 tweets relacionados com ciberameaças foram recolhidos utilizando um pacote python Tweepy, e pré-processados para remover descrições e caracteres especiais utilizando um removedor de palavras de paragem e um kit de ferramentas de PNL. A abordagem Term Frequency-Invert Document Frequency (TF-IDF) foi então utilizada para extrair valores de características adequados para a classificação. Foram então aplicados quatro algoritmos de aprendizagem automática: SVM, RF, DT, XGBoost e AdaBoost. O XGBoost é uma versão melhorada do Gradient Boosting, que inclui diferentes melhorias e extensões. Por outro lado, o AdaBoost constrói a sequência de modelos com base na escolha do problema específico e nos requisitos da aplicação. A comparação entre os modelos de classificação baseados na aprendizagem de cinco máquinas revelou que o modelo baseado no DT superou os outros, registando a maior precisão de classificação de 87,54%.

2.1.1.2. Classificação de tweets de cibersegurança com base na aprendizagem profunda

Investigadores em [29] apresentaram uma estrutura para detetar e classificar eventos de cibersegurança a partir do Twitter utilizando uma arquitetura CNN em cascata. A arquitetura em cascata inclui dois modelos CNN; um classificador binário para detetar tweets de ciberataques e um classificador multi-classe para classificar tweets de ciberataques em vários tipos de ciberameaças. Cerca de 21000 tweets relacionados com ciberataques foram recolhidos, pré-processados e classificados em tweets relevantes ou irrelevantes. Todos os tweets etiquetados foram testados inicialmente pelo classificador CNN binário. De seguida, todos os tweets relevantes são introduzidos no classificador CNN multi-classe para serem classificados em diferentes tipos, incluindo: Distributed Denial of Service (DDoS), 0-day (uma vulnerabilidade num sistema informático, que era antes desconhecida pelos seus programadores ou por qualquer pessoa capaz de a mitigar), vulnerabilidade, ransomware, fuga de dados e marketing/geral. O modelo obteve uma pontuação F1 média de 0,82.

Investigadores em [30] utilizaram uma rede neural profunda para processar dados de cibersegurança do Twitter. Os tweets foram recolhidos utilizando a API do Twitter e depois filtrados utilizando um conjunto de palavras-chave definidas pelo utilizador, que descrevem ciberameaças, para eliminar tweets irrelevantes. Todos os tweets filtrados foram depois pré-processados, convertendo os caracteres em minúsculas e removendo hiperligações e caracteres especiais. O classificador CNN foi então aplicado para identificar os tweets que incluíam informações relacionadas com a segurança. O modelo proposto foi avaliado utilizando duas medidas de exatidão: taxa de verdadeiros positivos e taxa de verdadeiros negativos. A taxa positiva verdadeira (sensibilidade) é o resultado em que o modelo prevê corretamente a classe positiva. Por outro lado, a taxa negativa verdadeira (especificidade) é o resultado em que o modelo prevê corretamente a classe positiva. Os resultados revelaram uma taxa média de verdadeiros positivos de 94% e uma taxa média de verdadeiros negativos de 91%.

Os modelos propostos nas duas últimas subsecções, que utilizam diferentes algoritmos de aprendizagem automática e de aprendizagem profunda, revelaram uma precisão de classificação eficiente na classificação dos dados de cibersegurança recolhidos do Twitter. No entanto, a aplicação de algoritmos de aprendizagem automática é mais eficiente para efeitos de classificação, uma vez que esses algoritmos aprendem com dados estruturados para prever resultados e descobrir padrões nesses dados. Por outro lado, os algoritmos de aprendizagem profunda baseiam-se em redes neuronais altamente complexas que imitam a forma como o cérebro humano funciona para descobrir padrões em grandes conjuntos de dados não estruturados.

Em suma, a análise de notícias relacionadas com a cibersegurança a partir de plataformas de redes sociais, principalmente o Twitter, é útil para recolher notícias actualizadas sobre cibersegurança e detetar novos ataques, definindo as suas regiões e horas de ocorrência. Além disso, a utilização de algoritmos de aprendizagem automática e profunda para classificar os dados de cibersegurança revelou resultados promissores nos modelos de ponta propostos. Na secção 4.5, é efectuada uma comparação entre os modelos de classificação propostos neste trabalho e os modelos analisados neste capítulo em termos do conteúdo dos dados recolhidos, do conjunto de dados utilizado, das técnicas de classificação utilizadas e da pontuação F1 revelada.

2.2. Visualização de dados de cibersegurança

Investigadores em [31] propuseram uma plataforma de ciberameaças que oferece uma deteção e visualização em tempo real de diferentes ciberataques para ajudar as organizações a responder rapidamente aos ataques. A plataforma proposta inclui três fases. A primeira fase consiste na recolha de dados de fontes internas, tais como registos relacionados com a organização, e de fontes externas de dados disponíveis na Internet. Estes dados foram depois agrupados para encontrar eventos semelhantes, desduplicados para evitar cópias duplicadas de dados, analisados e guardados em bases de dados. A última etapa é a visualização, que oferece uma visualização em tempo real com análise histórica dos dados, para que as organizações possam ter consciência da situação, aceder aos detalhes dos eventos, compreender os métodos de infeção e seguir os planos de defesa conduzidos.

Investigador em [32] propôs um sistema de mapeamento e análise de ciberataques através de um Sistema de Informação Geográfica (SIG) na Universidade do Norte da Florida. O sistema baseou-se inicialmente na deteção das localizações dos ciberataques utilizando o software Geographic Internet Protocol (GEO-IP). De seguida, os locais de origem destes ataques foram mapeados utilizando o SIG. O software R e algumas funções avançadas de análise estatística espacial foram então utilizados para explorar os padrões dos ciberataques. Os resultados revelaram que o sistema proposto foi capaz de detetar padrões espaciais de ciberataques e mapear as suas localizações.

Investigador em [33] concebeu um protótipo de sistema para recolher e analisar automaticamente dados sobre cibersegurança publicados no Twitter. Os dados foram inicialmente recolhidos a partir de publicações no Twitter utilizando a API de fluxo contínuo do Twitter. Os tweets foram depois processados e analisados aplicando o NLP com determinadas bibliotecas e modelos de linguagem. Os tweets explicados foram então indexados, geridos e visualizados. Os resultados revelaram que o sistema proposto ajuda os analistas a recolher e a fazer progredir as informações sobre cibersegurança.

Investigador em [34] desenvolveu um sistema baseado em PNL e aprendizagem automática para analisar documentos relacionados com a cibersegurança publicados na Internet. É composto por três fases; a primeira fase é a simetria, que se centra em encontrar a simetria entre a forma de representar um domínio por um humano e a forma representada por técnicas de aprendizagem automática. Assim, o domínio da cibersegurança utilizado foi modelado em função dos conhecimentos dos profissionais da cibersegurança. Foi criado um dicionário com mais de 5000 palavras, relacionadas com ataques, depois de entrevistar 14 especialistas em cibersegurança. Essas palavras foram depois categorizadas em 29 classes. A segunda fase é o ajustamento automático, em que foi proposto, treinado e testado um modelo de PNL, que depende de um modelo de aprendizagem supervisionado, utilizando um grande conjunto de palavras-chave. Na terceira fase, o modelo de PNL foi utilizado para extrair dados relacionados dos documentos, que foram analisados, guardados numa base de dados e apresentados numa interface Web. O sistema ofereceu informações valiosas sobre cibersegurança e apresentou-as numa interface Web para simplificar a compreensão dos dados sobre cibersegurança.

A comparação entre estes sistemas de visualização e o painel de controlo proposto neste trabalho é apresentada em pormenor na secção 5.4

2.3. Limitações da revisão da literatura e contribuição para o conhecimento

Com base nos modelos de ponta analisados neste capítulo, as principais lacunas na literatura são:

- **Limitações na classificação dos tweets de cibersegurança:**

  ✓ Alguns dos modelos baseados na aprendizagem automática e na aprendizagem profunda analisados foram aplicados em conjuntos de dados que incluem um pequeno número de tweets recolhidos, como os modelos propostos em [28], [29]

- ✓ Os estudos de investigação revistos centraram-se na aplicação de algoritmos de aprendizagem automática, como os modelos propostos em [26], [27], [28] ou algoritmos de aprendizagem profunda, como os modelos propostos [29], [30]. Não foram efectuadas comparações entre ambos os tipos de aprendizagem para descobrir o algoritmo de aprendizagem mais adequado para os modelos de classificação de dados de cibersegurança propostos.

Estas limitações são colmatadas neste livro através da criação de um conjunto de dados maior que inclui os últimos tweets publicados sobre ciberataques. Além disso, são propostos algoritmos de aprendizagem automática e de aprendizagem profunda para classificar os dados do conjunto de dados e comparados para descobrir o algoritmo de classificação que revela o melhor desempenho de classificação.

- **Limitações na visualização de dados sobre cibersegurança:**
  - ✓ Na prática, não existe nenhum estudo de investigação que tenha comparado o desempenho de classificação dos modelos baseados na aprendizagem automática e na aprendizagem profunda para determinar o modelo com melhor desempenho e utilizá-lo para criar o painel de controlo.
  - ✓ A visualização de documentos relacionados com a cibersegurança publicados na Internet, como os trabalhos apresentados em [34] leva mais tempo e exige mais esforços. Além disso, os documentos publicados podem não abranger todas as regiões afectadas e todos os tipos de novos ataques, enquanto as pessoas publicam sempre tweets sobre a presença e a localização de qualquer novo ataque.
  - ✓ Cobrindo regiões limitadas apenas dentro dos painéis de controlo, como o trabalho apresentado em [32]
  - ✓ Os utilizadores não podiam consultar os tweets originais publicados .

Estas limitações são colmatadas neste livro, comparando inicialmente o desempenho de vários modelos baseados na aprendizagem automática e na aprendizagem profunda para classificar os tweets recolhidos. O modelo com melhor desempenho é depois utilizado para criar o painel de controlo. Além disso, o painel de controlo criado visualiza todas as notícias actualizadas sobre qualquer novo tipo de ciberataque localizado em qualquer país do mundo. O painel permite que os utilizadores obtenham informações sobre os ataques clicando em qualquer país na folha de cálculo do mapa do painel. Algumas das informações apresentadas são: o número de tweets publicados a partir desse país, a classificação desses tweets com o número de tweets em cada classe, estatísticas que mostram as contagens e os nomes dos ataques, e uma tabela que inclui os tweets completos, as horas de publicação, os nomes dos ataques e as classes dos tweets.

2.4. Resumo

As organizações precisam de aplicar sistemas e ferramentas de segurança mais eficientes para proteger os seus dados críticos e sistemas internos. Isto porque a cibersegurança implica a aplicação de tecnologias, processos e métodos eficientes para proteger de ataques todas as redes, dados e sistemas informáticos. Além disso, o desenvolvimento contínuo dos ciberataques incentivou os investigadores a recolher todos os novos dados e notícias sobre ataques nas plataformas das redes sociais. Isto deve-se à enorme utilização dessas plataformas por pessoas de todo o mundo e à publicação em tempo real de eventos que estão a ocorrer ou que estão prestes a ocorrer. Este capítulo analisou alguns dos modelos mais avançados que utilizaram a plataforma Twitter para recolher tweets sobre ataques de cibersegurança e classificá-los utilizando diferentes algoritmos de aprendizagem automática e aprendizagem profunda. Além disso, foram analisados vários sistemas baseados na visualização, que representavam os ciberataques classificados e as suas notícias em painéis de controlo.

Capítulo Três: Recolha e preparação de dados

Este capítulo apresenta o método aplicado para construir o conjunto de dados de tweets de ciberataques proposto, que é utilizado posteriormente para avaliar os modelos de classificação de aprendizagem automática e aprendizagem profunda criados. As informações sobre ciberataques do conjunto de dados são também visualizadas no painel de controlo criado.

Neste livro, foi criado de raiz um novo conjunto de dados sobre ciberataques. É composto por 36 071 tweets publicados no Twitter sobre as últimas notícias de ciberataques. Para trabalhos futuros, este conjunto de dados pode ser publicado no repositório GitHub. O método aplicado para criar o conjunto de dados envolve uma fase de recolha de dados, uma fase de filtragem e uma fase de rotulagem, como mostra a figura 3.1. Estas fases são apresentadas nas subsecções seguintes.

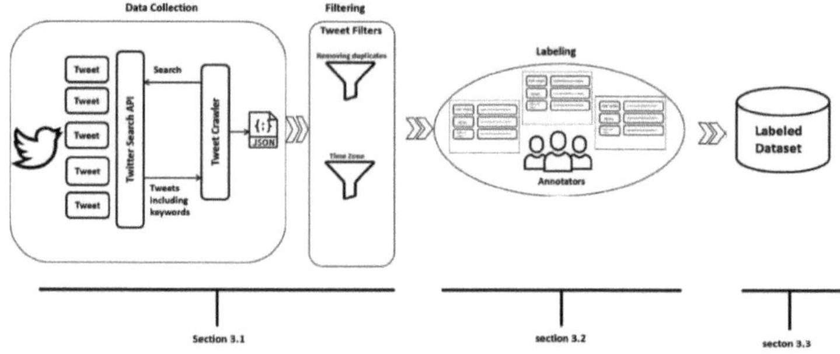

Figura 3. 1 Síntese das secções do presente capítulo

3.1 Recolha de dados

Esta secção apresenta a fase de recolha de dados. Inicialmente, baseou-se na procura de um conjunto de dados disponível que classificasse os tweets de ciberataques como pretendido. Uma vez que não existe nenhum conjunto de dados que o exija, foi criado de raiz um novo conjunto de dados sobre ciberataques. A fase de recolha de dados é constituída por duas etapas principais: a etapa de seleção da fonte de dados e das palavras-chave e a etapa de limpeza e filtragem dos dados, como se refere nas subsecções seguintes.

3.1.1. Fonte de dados e seleção de palavras-chave

As plataformas dos meios de comunicação social são as melhores fontes actuais para recolher dados noticiosos sobre ciberataques, tais como as suas localizações, horas de ocorrência e locais de ocorrência. Isto porque todas as notícias actualizadas sobre qualquer novo ciberataque são publicadas imediatamente em todas as plataformas de redes sociais e tornam-se tendências. Em contrapartida, a publicação de um artigo noticioso sobre um novo ciberataque demora mais tempo e exige mais esforço. Além disso, os artigos publicados podem não abranger todas as regiões afectadas, enquanto as pessoas publicam sempre tweets sobre a presença e a localização de qualquer novo ataque.

A plataforma Twitter é selecionada porque permite aos utilizadores registados publicar tweets curtos de 140 caracteres. Por conseguinte, é a forma mais rápida, fácil e breve de estabelecer contacto com outros utilizadores utilizando palavras curtas. O Twitter é também uma escolha valiosa, popular e óptima para fins comerciais, quando comparado com outras plataformas sociais. Além disso, é uma plataforma na moda utilizada por quase todos os especialistas e personalidades famosas de todos os domínios. Outro aspeto importante do Twitter é que todos os utilizadores registados têm contas verificadas: assim, é possível recolher informações mais fiáveis utilizando a plataforma.

A fase de recolha de dados baseia-se inicialmente na procura de tweets relacionados utilizando palavras-chave específicas através da API do Twitter. As palavras-chave mais relevantes são identificadas após uma extensa pesquisa e experimentação. A cadeia de pesquisa de entrada inclui uma palavra-chave geral, que é o tipo de ataque. Essa palavra-chave foi definida como uma variável no sistema para obter um comportamento mais dinâmico. A variável definida pode ser editada se houver necessidade de alterar ou acrescentar um novo tipo de ataque no futuro. Na prática, a palavra-chave (tipo de ataque) representa três tipos básicos, incluindo: violação de dados, violação cibernética ou ciberataque:

- ***Violação de dados:*** Um incidente de segurança, em que os dados pessoais são acedidos ilegalmente.
- ***Violação cibernética:*** É uma violação que causa a destruição acidental ou ilegal, o acesso não autorizado a dados pessoais ou a perda/alteração de dados pessoais, que são transmitidos, guardados ou processados, tais como mensagens mal entregues e transmissões de correio eletrónico não encriptadas.
- ***Ciberataque:*** É mais abrangente do que a violação de dados. Os tipos mais comuns de ciberataques são: malware, negação de serviço (DoS), DoS distribuído (DDoS),

phishing, ransomware, ataques a palavras-passe, segurança deficiente, publicação acidental, spam e injeção de SQL.

Assim, o sistema desenvolvido procura qualquer tweet publicado no Twitter utilizando as palavras-chave: violação de dados, violação cibernética e qualquer ataque cibernético comum com o motor de busca, utilizando as etiquetas HTML.

Foi definida uma lista de 45 palavras-chave a utilizar na pesquisa de tweets de ciberataques, cujos resultados são ilustrados na figura 3.2. A lista de palavras-chave devolveu um total de 40 000 tweets de ciberataques utilizando a API do Twitter, que permite obter tweets em tempo real. A razão para escolher a API do Twitter é obter a maior quantidade possível de tweets. Embora a API de fluxo contínuo forneça apenas cerca de 1% do fluxo público total do Twitter, não deixa de ser uma grande quantidade de dados, o que equivale a 52 tweets por segundo. [35]

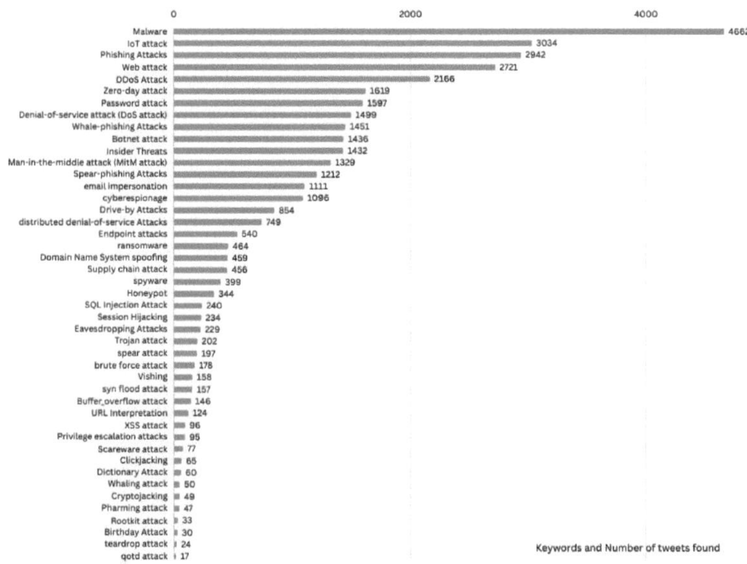

Figura 3. 2 Palavras-chave e número de tweets encontrados (após remoção de duplicados)

Para obter acesso à API do Twitter, é necessário inscrever-se como programador no sítio Web: dev.twitter.com, onde deve ser registada uma nova aplicação. A conexão com a API do Twitter é configurada usando um Token de Acesso pessoal do Twitter para autorização OAuth, que é implementado usando uma biblioteca Python[1] chamada Tweepy[2] . O Twitter devolve então cada tweet como um dado formatado em JavaScript Object Notation (JSON), que é um formato de troca de dados leve e baseado em texto. Os objectos JSON, juntamente com os textos dos tweets e os autores dos tweets, devolvem uma estrutura de dados que contém informações adicionais valiosas. O objeto JSON do tweet contém mais de 160 itens de metadados apresentados como pares de chave e valor. Algumas das chaves mais úteis para a extração de informações são enumeradas abaixo:

- text: texto do tweet
- id: identificação única do tweet.
- created_at: carimbo de data/hora (a data e a hora) do tweet.

3.1.2. Limpeza e filtragem de dados

Para garantir a obtenção de resultados exactos e a obtenção de um conjunto de dados preciso de tweets de ciberataques, todos os tweets recolhidos são pré-processados através da aplicação dos seguintes processos de limpeza e filtragem:

Remoção de sinais de pontuação como "," e ";".

- Remoção de números.
- Remoção de registos duplicados no texto do tweet ou no id do tweet
- Limpeza de todos os pronomes e emojis usando o pacote emoji python.
- Remoção das palavras de paragem que não têm qualquer valor acrescentado para o sistema proposto. Estas palavras estão definidas na biblioteca Natural Language Toolkit (NLTK) em Python e podem ser acedidas através da ligação: https://www.nltk.org/index.html . Algumas dessas palavras são apresentadas de seguida.

O processo de limpeza e filtragem de dados, por sua vez, reduziu o número de tweets de 40 000 para 36 080 tweets pré-processados, que incluem apenas informações sobre ciberataques.

[1] https://www.python.org/
[2] 9 http://www.tweepy.org/

3.2. Rotulagem de dados

Depois de pré-processar os tweets recolhidos e de manter apenas a informação sobre a procura em cada tweet, é aplicada a fase de rotulagem dos dados. Nesta fase, três anotadores voluntários (estudantes de pós-graduação em ciências da computação) rotularam manualmente os 36 080 tweets recolhidos. Além disso, o Label Studio do Microsoft Azure, que é um programa de utilização gratuita durante apenas um mês, foi utilizado para ajudar a etiquetar o conjunto de dados recolhido. A etiquetagem de dados de aprendizagem automática do Azure utilizada é um programa eficiente para criar, gerir e monitorizar projectos de etiquetagem de dados com base na condução dos seguintes processos:

- Coordenar dados, etiquetas e membros da equipa para gerir eficazmente as tarefas de

{'ourselves', 'hers', 'between', 'yourself', 'but', 'again', 'there', 'about', 'once', 'during', 'out', 'very', 'having', 'with', 'they', 'own', 'an', 'be', 'some', 'for', 'do', 'its', 'yours', 'such', 'into', 'of', 'most', 'itself', 'other', 'off', 'is', 's', 'am', 'or', 'who', 'as', 'from', 'him', 'each', 'the', 'themselves', 'until', 'below', 'are', 'we', 'these', 'your', 'his', 'through', 'don', 'nor', 'me', 'were', 'her', 'more', 'himself', 'this', 'down', 'should', 'our', 'their', 'while', 'above', 'both', 'up', 'to', 'ours', 'had', 'she', 'all', 'no', 'when', 'at', 'any', 'before', 'them', 'same', 'and', 'been', 'have', 'in', 'will', 'on', 'does', 'yourselves', 'then', 'that', 'because', 'what', 'over', 'why', 'so', 'can', 'did', 'not', 'now', 'under', 'he', 'you', 'herself', 'has', 'just', 'where', 'too', 'only', 'myself', 'which', 'those', 'i', 'after', 'few', 'whom', 't', 'being', 'if', 'theirs', 'my', 'against', 'a', 'by', 'doing', 'it', 'how', 'further', 'was', 'here', 'than'}

etiquetagem.

- Acompanhar o progresso e manter a fila de tarefas de etiquetagem incompletas.
- Iniciar e parar o projeto e controlar o progresso da etiquetagem.
- Reveja os dados rotulados e exporte-os como um conjunto de dados do Azure Machine Learning.

A fase de rotulagem dos dados é composta por três etapas principais: orientação da anotação, acordo de anotação e distribuição de rótulos, conforme explorado nas subsecções seguintes.**3.2.1. Guia de anotação**

A tarefa de anotação tem como objetivo classificar cada tweet no conjunto de dados recolhido numa de três classes: não-notícias, notícias normais e notícias de alto risco. As seguintes descrições e instruções são fornecidas aos anotadores para garantir que a fase de anotação é concluída com uma rotulagem exacta.

- **<u>Não notícias</u>: Trata-se de um evento que não está relacionado com qualquer notícia sobre cibersegurança** (perguntas, piadas, eventos com tweets não claros, opiniões pessoais e comentários serão classificados como não noticiosos).

<u>Exemplo:</u>

Inbox now para todos os serviços de recuperação de contas, perdidas ou suspensas, Inbox now vamos tratar disso. #hacked #icloud #facebookdown #imessage #ransomware #snapchat #snapchatsupport #snapchatleak #hacking #discord #XboxSeriesX #XboxShare #roblox #missingphone

Neste tweet, não há indicações claras ou relacionadas para o classificar como notícia ou notícia de alto risco. Por isso, é considerado como um tweet não novo.

- **<u>Normal News</u>: é um tweet que menciona um evento de cibersegurança e contém um tipo de ataque específico, que aconteceu ou está a acontecer agora.**

Isto é indicado por palavras-chave claras relacionadas com diferentes tipos de ataques, como malware, DoS, DDoS, ransomware, sandworm, phishing, hacking, ciberataque, vírus, worms, etc. Além disso, o tweet deve incluir uma indicação clara da ocorrência do ataque. Além disso, não deve ser descrito por uma agência oficial como altamente perigoso ou prejudicial.

<u>Exemplo:</u>

Sites do TrustFord da Irlanda do Norte atingidos por um grupo de ransomware #Ransomware #TrustFord #CyberSecurity https://t.co/r0RkHTKBKs

Neste tweet, o tipo de ataque é o ransomware e o local de ocorrência é o TrustFord Site da Irlanda do Norte. Uma vez que estas duas indicações são claras, este tweet é classificado como uma notícia.

- **<u>Notícias de alto risco (segunda tarefa de anotação)</u>: Trata-se de um alerta anunciado por uma agência oficial sobre a ocorrência prevista de ataques ou sobre uma grande**

propagação de ataques actuais. É também um evento de cibersegurança que é descrito por uma agência oficial como altamente perigoso ou prejudicial.

Isto é indicado por nomes claros de agências oficiais em todo o mundo, como os centros nacionais de cibersegurança e o FBI, juntamente com palavras-chave de ataque claras, como as mencionadas acima. É também indicado por palavras-chave de aviso, como warn, alert, caution, expect, predict, urge e forbid, por sinónimos de risco, como risky, danger, hazard, critical e serious, ou pelo elevado grau de risco, como a necessidade de restaurar serviços críticos.

Exemplo:

FBI alerta para ataques de ransomware contra a administração local
Leia a história completa aqui: https://t.co/rMlnhsjf6o
#fintech #regtech #cyberattacks https://t.co/qDUCg0vWpt

Neste tweet, o FBI é a agência oficial, ransomware é a palavra-chave de ataque e warning é a palavra-chave de aviso utilizada. Uma vez que estas indicações são claras, este tweet é rotulado como uma notícia de alto risco. A tabela 3.1 apresenta mais exemplos sobre os três tipos de etiquetas.

Quadro 3. 1 exemplos sobre os três tipos de rótulos

Tweet	Indicações detectadas	Rótulo
Anonymous divulga um milhão de e-mails dos meios de comunicação estatais russos #infosec #infosecurity #cybersecurity #threatintel #threatintelligence #hacking #cybernews #cyberattack #threathunting #cloudsecurity #cloudcomputing #malware #ransomware #devops #dfir https://t.co/Hu1tkKH4cQ	Localização: Estado russo Palavra-chave do ataque: Anónimo	Normal Notícias
O grupo de ransomware Hive atacou o Partnership HealthPlan da Califórnia. "Em seu site, a organização disse que "começou a ter dificuldades técnicas, resultando em uma interrupção de certos sistemas de computador". LER MAIS: https://t.co/6rvipwxutN	Localização: Parceria HealthPlan da Califórnia Palavra-chave do ataque: Grupo de ransomware Hive	Normal Notícias
A CISA alerta as organizações para a existência de uma falha no WatchGuard explorada por piratas informáticos russos https://t.co/a5J81SqysB #DataSecurity #Privacy #100DaysOfCode #Cloud #Security #MachineLearning #Phishing #Ransomware #Cybersecurity #CyberAttacks #DataProtection #Malware #Hacked #infosec https://t.co/RVYBLCPxV0	Agência oficial: CISA Palavra-chave do ataque: bug do WatchGuard Palavra-chave de aviso: warns	Notícias de alto risco
Novo Podcast! "Ucrânia alerta para ciberataque com o objetivo de piratear as contas do Telegram Messenger dos utilizadores" em @Spreaker #cyber #cybersecurity #hacker #hackerattack #hackers #hackersattack #malware #messenger #phishing #ransomware #securityattack #telegram https://t.co/vxSbJDjfCc	Agência oficial: Ucrânia Palavra-chave do ataque: Ciberataque Palavra-chave de aviso: warns	Notícias de alto risco
O ransomware fez com que a Universidade A&T da Carolina do Norte se esforçasse por restaurar os serviços https://t.co/WrLljws7Ii	Agência oficial: Universidade da Carolina do Norte a mexer-se Palavra-chave do ataque: Ransomware Grau de risco elevado: restabelecer os serviços	Notícias de alto risco

Visite a página do blogue da Visual Media Fx para obter mais informações sobre segurança. https://t.co/1LDXEvM6Zp Os investigadores ligam o BlackCat Ransomware a actividades anteriores de malware da BlackMatter https://t.co/SShxdp0uWW via @TheHackersNews	Nenhum	Não notícias
O software como serviço domina a nuvem https://t.co/hSjbbnp9d2 #DataSecurity #Privacy #100DaysOfCode #Cloud #Security #MachineLearning #Phishing #Ransomware #Cybersecurity #CyberAttacks #DataProtection #Malware #Hacked #infosec https://t.co/MQ6IHP5ctu	Nenhum	Não notícias

3.2.2. Acordo de Anotação

Os anotadores receberam orientações e exemplos que explicavam as diferentes classes no início da tarefa de anotação. Os 36 080 tweets foram extraídos para um ficheiro CSV e carregados na ferramenta de rotulagem de dados do Microsoft Azure. Para cada tweet, são fornecidos dois tipos de dados: ID e texto. Cada tweet é etiquetado com uma das três etiquetas acima referidas: não notícias, notícias normais ou notícias de alto risco. Os três anotadores rotularam o texto de cada tweet. A razão por detrás da escolha de três anotadores é evitar conflitos no processo de anotação, tendo em conta a votação por maioria, tal como explorado na tabela 3.2. A tabela mostra que, quando os anotadores atribuem duas etiquetas a um tweet, é selecionada a etiqueta com mais votos (escolhida pelo menos por dois anotadores). Finalmente, foram recolhidos todos os tweets rotulados pelos três anotadores, em que cada tweet tem apenas uma etiqueta.

Quadro 3. 2 Exemplos de como obter as etiquetas maioritárias.

Texto	anotador 1	anotador 2	anotador 3	Maioria
Tweet	Não_Notícias	Não_Notícias	Não_Notícias	**Não_Notícias**
Tweet	Não_Notícias	Normal_Notícias	Normal_Notícias	**Normal_Notícias**
Tweet	Não_Notícias	Normal_Notícias	Não_Notícias	**Não_Notícias**
Tweet	Não_Notícias	Não_Notícias	Normal_Notícias	**Não_Notícias**
Tweet	Não_Notícias	Notícias de alto risco	Notícias de alto risco	**Notícias de alto risco**
Tweet	Não_Notícias	Normal_Notícias	Notícias de alto risco	*Excluído*
Tweet	Não_Notícias	Não_Notícias	Notícias de alto risco	**Não_Notícias**
Tweet	Não_Notícias	Notícias de alto risco	Não_Notícias	**Não_Notícias**
Tweet	Não_Notícias	Notícias de alto risco	Normal_Notícias	*Excluído*
Tweet	Normal_Notícias	Não_Notícias	Não_Notícias	**Não_Notícias**
Tweet	Normal_Notícias	Normal_Notícias	Normal_Notícias	**Normal_Notícias**
Tweet	Notícias de alto risco	Normal_Notícias	Normal_Notícias	**Normal_Notícias**
Tweet	Normal_Notícias	Notícias de alto risco	Notícias de alto risco	**Notícias de alto risco**
Tweet	Notícias de alto risco	Notícias de alto risco	Normal_Notícias	**Notícias de alto risco**
Tweet	Normal_Notícias	Normal_Notícias	Não_Notícias	**Normal_Notícias**
Tweet	Notícias de alto risco	Notícias de alto risco	Notícias de alto risco	**Notícias de alto risco**
Tweet	Notícias de alto risco	Notícias de alto risco	Não_Notícias	**Notícias de alto risco**
Tweet	Notícias de alto risco	Não_Notícias	Não_Notícias	**Não_Notícias**
Tweet	Normal_Notícias	Notícias de alto risco	Não_Notícias	*Excluído*
Tweet	Normal_Notícias	Não_Notícias	Normal_Notícias	**Normal_Notícias**
Tweet	Normal_Notícias	Normal_Notícias	Notícias de alto risco	**Normal_Notícias**
Tweet	Normal_Notícias	Notícias de alto risco	Normal_Notícias	**Normal_Notícias**
Tweet	Notícias de alto risco	Normal_Notícias	Não_Notícias	*Excluído*
Tweet	Notícias de alto risco	Normal_Notícias	Notícias de alto risco	**Notícias de alto risco**
Tweet	Notícias de alto risco	Não_Notícias	Notícias de alto risco	**Notícias de alto risco**

Durante o processo de anotação, apenas nove tweets foram excluídos. Isto deve-se ao facto de cada anotador ter etiquetado cada um desses tweets com uma etiqueta diferente da dos outros. Por outras palavras, o tweet tem três etiquetas e, por isso, a votação por maioria não pode ser aplicada. Isto reduziu o conjunto de dados final para 36 071 tweets pré-processados e etiquetados. Para verificar a fiabilidade do processo de anotação, a concordância entre anotadores foi medida utilizando a medida Fleiss Kappa [36], que é utilizada quando o item de dados é etiquetado por mais de dois anotadores. Esta medida é aplicada da seguinte forma:

O Kappa de Fleiss varia entre 0 e 1:

- 0 indica que não existe acordo entre os anotadores.
- 1 indica uma concordância perfeita entre avaliadores.

A medida de interpretação kappa é mais precisa e pode ser expressa da seguinte forma: [37]

- < 0,20 | Fraco
- .21 - .40 | Razoável
- 41 - .60 | Moderado
- .61 - .80 | Bom
- .81 - 1 | Muito bom

Os resultados obtidos pelos três anotadores revelaram uma concordância muito elevada entre eles, tendo sido excluídos apenas nove tweets. A Tabela 3.3 abaixo ilustra as estatísticas das etiquetas resultantes.

Quadro 3. 3 Estatísticas das etiquetas

	Rótulo final		
Etiquetas	Notícias de alto risco	Normal_Notícias	Não_Notícias
Não. tweets	892	3948	31231
Kappa		0.99	

3.2.3. Distribuição de etiquetas

A Figura 3.3 abaixo mostra como cada um dos três anotadores classificou os tweets recolhidos e como foi aplicada a votação por maioria. As etiquetas finais estão distribuídas da seguinte forma:

- Não_Notícias: 31231 tweets
- Normal_News: 3948 tweets
- High_Risk_News: 892 tweets
- Excluídos: 9 tweets

Soma depois de excluir os nove tweets: 36.071 tweets.

Figura 3. 3 a distribuição dos tweets etiquetados por cada anotador

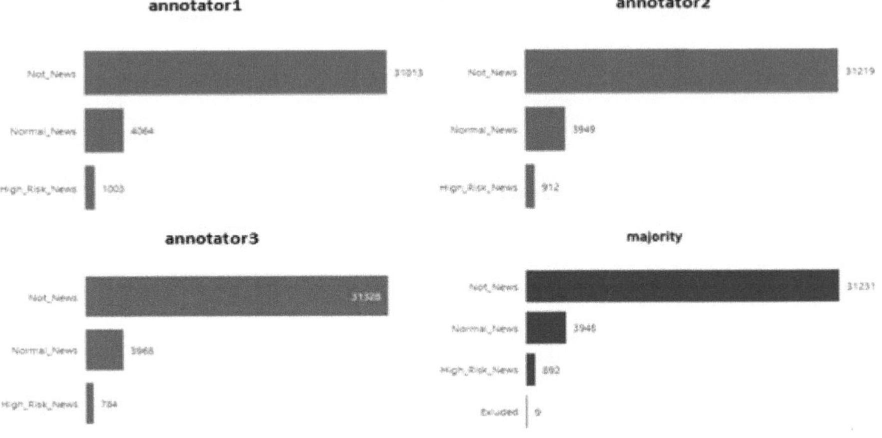

Segue-se um exemplo de um tweet que foi classificado pelos anotadores 2 e 3 como um tweet de notícias normais e, por conseguinte, é finalmente classificado como uma notícia normal.

> Hackers utilizam ransomware divulgado pela Conti para atacar empresas russas
> https://t.co/v24JjupLBO

anotador1	anotador2	anotador 3	Maioria
Não_Notícias	Normal_Notícias	Normal_Notícias	Normal_Notícias

Segue-se um exemplo de um tweet que foi classificado pelos anotadores 2 e 3 como um tweet de notícias de alto risco e, por conseguinte, é finalmente classificado como uma notícia de alto risco.

> O ransomware fez com que a Universidade A&T da Carolina do Norte se esforçasse por restaurar os serviços #Ransomware via https://t.co/r3U9icZG0d https://t.co/ZKSar12we8

anotador1	anotador2	anotador 3	Maioria
Não_Notícias	Notícias de alto risco	Notícias de alto risco	Notícias de alto risco

Segue-se um exemplo de um tweet que foi rotulado com uma etiqueta diferente por cada anotador e, por isso, foi excluído.

Os fabricantes de dispositivos QNAP NAS alertam para ataques DeadBolt e riscos devido a uma falha no Linux
Os utilizadores de dispositivos NAS não têm boas notícias, uma vez que foram detectadas ameaças em estado selvagem. Foi noticiado um ataque de ransomware DeadBolt em curso contra dispositivos QNAP NAS.
O grupo de ransomware ALPHV/Black Cat já fez pelo menos 3 vítimas até à data.

3.3 Conclusão

Em resumo, este capítulo apresenta as fases de conceção de um conjunto de dados novo, eficiente e a pedido, incluindo os últimos tweets de ciberataques recolhidos através da API do Twitter. Este conjunto de dados é pré-processado e, em seguida, anotado manualmente por três anotadores em: não são notícias, notícias normais ou notícias de alto risco. Esta é uma contribuição fundamental deste livro, uma vez que não existe nenhum conjunto de dados disponível que tenha essa classificação de dados. Por conseguinte, este conjunto de dados será carregado no repositório GitHub[3] para futuros trabalhos. O número total de tweets incluídos no conjunto de dados após a aplicação das fases de pré-processamento e anotação foi de 36 071 tweets. Este conjunto de dados final é utilizado, tal como explorado nos capítulos seguintes, para avaliar os modelos de classificação baseados na aprendizagem automática e na aprendizagem profunda. Também é utilizado para construir o painel de controlo proposto, visualizando informações sobre os ciberataques mais recentes, tais como os seus nomes, locais e horas de ocorrência e níveis. Isto, por sua vez, pode oferecer um significado fundamental para as organizações acederem a um mapa de visualização em tempo real e obterem informações sobre diferentes tipos de ataques para definirem planos de defesa precisos.

---

https://github.com/HudaLughbi/CybAttT

Capítulo Quatro: Abordagens propostas

Este capítulo apresenta o método aplicado para criar diferentes modelos de classificação baseados na aprendizagem automática e na aprendizagem profunda para classificar o conjunto de dados de tweets de ciberataques proposto. O capítulo apresenta inicialmente a linguagem de programação e as ferramentas utilizadas para criar os modelos. De seguida, são exploradas as fases dos modelos de classificação, incluindo: pré-processamento de dados, representação de características, classificação e avaliação do desempenho. São depois aplicadas diferentes experiências aos modelos, que são detalhadas neste capítulo. Inicialmente, são realizadas duas experiências para avaliar o efeito da aplicação da fase de pré-processamento de dados no desempenho do modelo. Outra experiência é realizada para avaliar o desempenho da aplicação de transformadores para classificar os dados pré-processados recolhidos. Os resultados de todas as experiências são depois analisados e comparados para descobrir o modelo de classificação com melhor desempenho, que registou a pontuação F1 mais elevada. Finalmente, é efectuada uma comparação com os modelos mais avançados para mostrar como este trabalho contribui para a literatura.

4.1 Linguagem e ferramentas de programação

A linguagem de programação Python (versão 3.6) é utilizada para construir os modelos de classificação propostos. Trata-se de uma linguagem de programação informática de código aberto e uma das linguagens mais comuns e poderosas utilizadas na extração de dados. Na fase de pré-processamento dos modelos propostos, são adoptadas as bibliotecas regex e NLTK para remover ruídos e palavras de paragem.

A maioria dos métodos de aprendizagem automática aplicados nos modelos propostos provém da biblioteca Python, scikit-learn [38], que é uma biblioteca de aprendizagem automática de fonte aberta que se centra na modelação de dados utilizando os seus algoritmos predefinidos. Além disso, oferece vários algoritmos de aprendizagem supervisionados e não supervisionados. É também utilizada a biblioteca TensorFlow, que é uma biblioteca de código aberto adoptada para aplicações de aprendizagem profunda e automática. É amplamente adoptada para reconhecimento de escrita manual, reconhecimento de imagem, reconhecimento de vídeo, análise de sentimentos, resumo de texto e sistemas de reconhecimento de voz. O TensorFlow suporta linguagens de programação, como Python, R e C++, e está disponível em versões para telemóvel e computador.

4.2 Metodologia

Neste livro, são criados diferentes algoritmos de classificação baseados na aprendizagem automática e na aprendizagem profunda para classificar o conjunto de dados de tweets de ciberataques recolhidos, apresentados no capítulo anterior. Todos os modelos são compostos por quatro fases principais: pré-processamento dos dados, representação das características, classificação e avaliação do desempenho, como mostra a figura 4.1. O conjunto de dados é utilizado em duas experiências separadas; uma com pré-processamento do conjunto de dados e a outra sem pré-processamento do conjunto de dados. Dois métodos de representação de características são aplicados aos dados em ambas as experiências para melhorar o desempenho da classificação, incluindo Term Frequency - Inverse Document Frequency (TF-IDF) e Count Vectorizer.

O foco deste trabalho é a utilização de métodos de aprendizagem supervisionada para classificar os dados. Isto porque as características sociais, como a contagem de seguidores, a contagem de menções e o comprimento do texto, não podem ser utilizadas para a classificação do texto. Por conseguinte, seis métodos de aprendizagem supervisionada, incluindo: cinco algoritmos de aprendizagem automática; Regressão Logística (LR), Multinomial Naive Bayes (MNB), Árvore de Decisão (DT), K Nearest Neighbors (KNN) e Support Victor Machine (SVM), e um algoritmo de aprendizagem profunda são adoptados nos modelos de classificação criados para classificar os dados em ambas as experiências. Os dados em ambas as experiências são divididos num conjunto de treino com 80% dos dados e num conjunto de teste com 20% dos dados. Um conjunto de métricas de avaliação é calculado em ambas as experiências para avaliar o desempenho dos modelos. Por fim, é efectuada uma comparação entre os valores medidos da pontuação F1 dos seis modelos de classificação para descobrir o modelo com melhor desempenho.

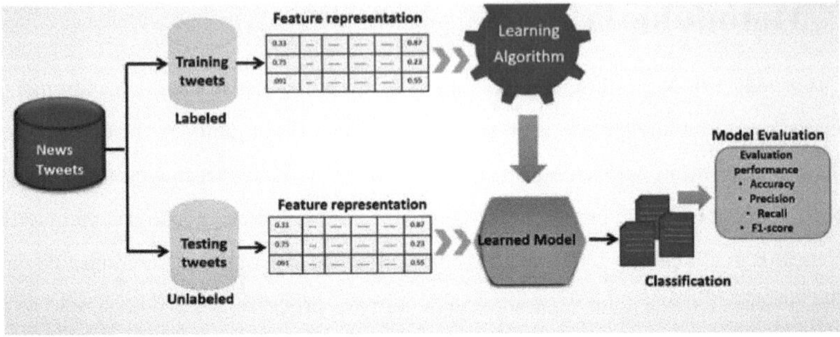

Figura 4. 1 Modelo de classificação dos tweets de notícias sobre cibersegurança

As quatro fases dos modelos de classificação propostos são descritas nas subsecções seguintes:

4.2.1 Pré-processamento Fase

A fase de pré-processamento inclui a transformação dos dados brutos num formato estruturado. Esta fase é aplicada apenas na segunda experiência. Os principais processos aplicados aos dados recolhidos na segunda experiência são:

- ✓ **Remoção de pontuação:** As pontuações, tais como (~¦+|!-"..."-) são removidas
- ✓ **Remoção de caracteres repetidos:** os caracteres, tais como ("...", "//"), hífenes, parênteses, símbolos são removidos
- ✓ **Remoção de menções e ligações:** todas as menções e ligações que começam por @|https são removidas
- ✓ **Remoção de palavras de paragem: a** remoção de palavras de paragem é o processo de redução de dados textuais através da remoção de palavras desnecessárias, como "a", "é", "o" e "são". Estas palavras não contêm qualquer informação valiosa para ser utilizada na classe de classificação, pelo que são removidas
- ✓ Os números, pontos e hífenes são substituídos pela sua representação textual, por exemplo, "2" é convertido em "dois"

4.2.2 Representação de características Stage

A ideia central da aplicação da representação de características consiste em converter palavras em características numéricas, a utilizar no processo de classificação. As características são então modeladas numa forma de vetor para serem utilizadas para treinar cada modelo de classificação. Assim, são aplicados dois métodos de representação de características: o TF-IDF e o vetor de contagem. Ambos os métodos oferecem informações complementares; o método de vectorização permite representar o significado das palavras, enquanto o método TF-IDF permite considerar o significado das palavras no conjunto de dados [39]. Estes dois métodos

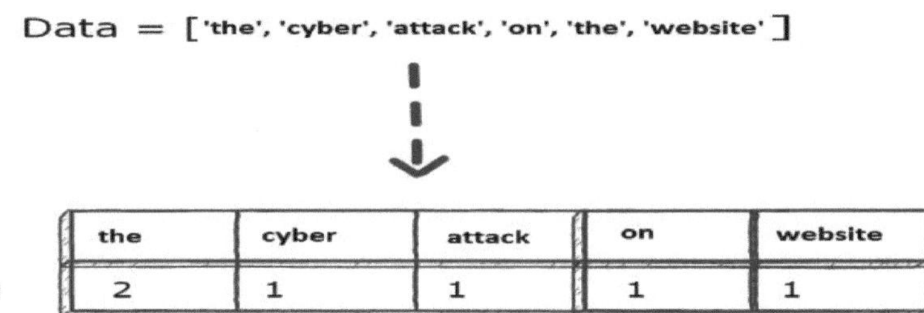

são descritos em pormenor a seguir:

❖ **TF-IDF**

O TF-IDF é um método amplamente utilizado para efeitos de classificação de documentos. Centra-se na medição da importância de um termo num documento, com base na consideração da importância do termo para todo o documento e da importância do termo para o próprio documento. Neste método, a TF centra-se nos pesos das palavras em relação ao documento e determina a importância das palavras através da frequência com que aparecem no documento. Isto significa que quanto mais uma palavra aparece num documento, mais peso tem. Por outro lado, o IDF neste método ajuda a determinar a frequência com que um determinado termo é utilizado no conjunto de dados. Isto significa que quanto mais palavras aparecem num documento, menos importância devem ter. Por conseguinte, é improvável que a presença de palavras comuns revele um tópico.

Vectorizador de contagem (Vectorização)

A alimentação de dados textuais em modelos de classificação baseia-se na análise de textos para remover palavras específicas, sendo este processo conhecido como tokenização. Estas palavras devem então ser codificadas como números inteiros ou valores de vírgula flutuante para serem introduzidas nos algoritmos de aprendizagem automática, o que se designa por vectorização. O método Count vectorizer, representado na figura 4.2, é utilizado para transformar um documento de texto num vetor de contagens de termos/tokens. Além disso, permite pré-processar os dados de texto antes de produzir a representação vetorial. Isto, por sua vez, torna-o um método de representação de características altamente flexível para textos.

Figura 4. 2 Método do vetor de contagem

Tanto o método de representação TF-IDF como o vectorizador de contagem têm um parâmetro n-gram_range que decide o intervalo de n-gramas necessários na matriz final para serem representados como novas características. Por exemplo, "1, 1" pode dar unigramas ou 1-gramas, como "cyber" e "attack", enquanto "2,2" pode dar bigramas ou 2-gramas, como "cyber-attack".

O n-grama representa as palavras, tokens ou símbolos frequentes, que são principalmente os grupos adjacentes de itens num documento. Para o n-grama, n é uma variável inteira positiva que tem um valor positivo no intervalo: 1, 2, 3, 4, e assim por diante. Por exemplo, se n for igual a 4, quatro palavras ou tokens são considerados ao mesmo tempo. Isto significa que para o texto: "Educativo é a melhor plataforma", o 4-grama para este texto é o seguinte: ["Educativo é a melhor", "é a melhor plataforma"]

4.2.3 Classificação Fase

Na fase de classificação, são aplicados cinco algoritmos de aprendizagem automática; Regressão Logística (LR), Multinomial Naive Bayes (MNB), Árvore de Decisão (DT), K Nearest Neighbors (KNN) e Support Victor Machine (SVM), e um algoritmo de aprendizagem profunda para classificar o conjunto de dados de tweets de ciberataques recolhidos:

- **Algoritmos de aprendizagem automática:**

Os cinco algoritmos de aprendizagem automática utilizados são explorados de seguida:

- Regressão logística (LR)

O LR é um dos principais métodos de classificação, que se define como um algoritmo estatístico com um modelo probabilístico. Baseia-se na medição da relação entre duas ou mais variáveis independentes, estimando as suas probabilidades através da média das funções logísticas [40]. O LR pode ser aplicado para classificar classes binárias ou múltiplas classes. Para um exemplo de teste x, a probabilidade condicional de atribuir x a uma etiqueta de classe y utilizando o algoritmo LR pode ser expressa da seguinte forma

$$P(y|x) = \frac{1}{1 + e^{(-y\alpha^T x)}} \tag{4.1}$$

Onde: y ∈ {+1, -1}, e α denota o parâmetro do modelo [40]. O algoritmo LR tem um desempenho semelhante ao do algoritmo SVM na classificação de textos, mas o LR supera o SVM no treinamento de documentos maiores. [41], [42]

➢ Naive Bayes (NB)

O classificador NB utiliza o teorema de probabilidade de Bayes para prever as classes de dados desconhecidos. Baseia-se na relação entre a probabilidade de ocorrência de um acontecimento e a probabilidade de outro acontecimento que já tenha ocorrido. Assim, a probabilidade de um documento (d) pertencer a uma classe (c) pode ser calculada da seguinte forma

$$P(c|d) = \frac{\left(p(\mathrm{d}|c)P(c)\right)}{\left(P(d)\right)} \tag{4.2}$$

As principais vantagens da aplicação do classificador NB são: a necessidade de pouca memória de armazenamento, a rapidez de cálculo e a simplicidade de implementação. Além disso, pode ser aplicado tanto para classificação binária como multi-classe. No entanto, requer um conjunto de dados muito grande para obter bons resultados. Além disso, é muito sensível à seleção de características. [43]

➢ Árvore de decisão (T)

O classificador DT representa o conjunto de dados numa estrutura em árvore, juntamente com nós de decisão e nós de folha. Degrada o conjunto de dados em subconjuntos cada vez mais pequenos e, em seguida, constrói uma árvore de decisão. Na árvore final, o nó de decisão mais elevado está relacionado com o melhor preditor e é conhecido como o nó raiz. As vantagens mais comuns da utilização do classificador DT são: a gestão de dados categóricos e numéricos, o tratamento eficaz da colinearidade e a apresentação de uma justificação compreensível para a previsão. Além disso, não há necessidade de pré-processamento ou de pressupostos prévios sobre a forma como os dados são distribuídos. No entanto, sofre de sobreajustamento, é suscetível a anomalias, perde informações importantes ao processar variáveis contínuas e é complexo para grandes conjuntos de dados. [44]

A figura 4.3 ilustra o princípio do classificador NB. É óbvio que a probabilidade de um novo ponto de dados ter uma ligação 'verde' é o dobro da 'vermelha'. Isto deve-se ao facto de o número de pontos de dados verdes ser 40, o que é o dobro dos vermelhos, que são 20. Este facto é conhecido como a probabilidade prévia. Por exemplo, para classificar o ponto de dados 'branco', desenha-se um círculo à sua volta que inclui vários pontos de dados de diferentes etiquetas de classe. Para este ponto, como se mostra, estão incluídos no círculo quatro pontos (um verde e três vermelhos). Assim, a probabilidade de o ponto ser verde é de 0,025 (1 ÷ 40=0,025) e a de ser vermelho é de (3 ÷20=0,15). [45]

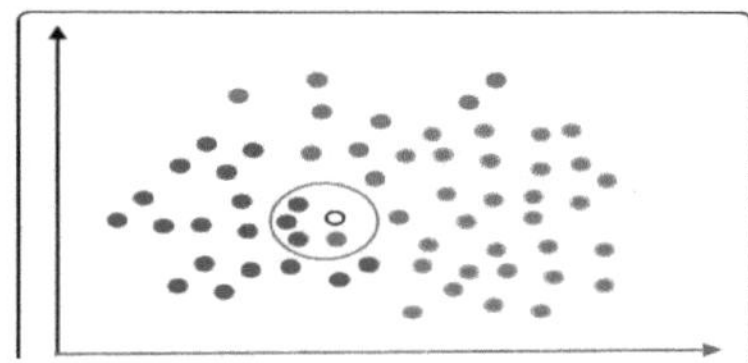

Figura 4. 3 Princípio de funcionamento do NB [45]

➢ K-Nearest Neighbors (KNN)

O classificador KNN baseia-se na utilização de um método não paramétrico para classificar dados. É conhecido como um modelo de aprendizagem preguiçosa, uma vez que os cálculos são efectuados apenas em tempo de execução. O classificador KNN baseia-se na procura dos k vizinhos de um ponto de dados para efetuar a previsão. Para a classificação KNN, é adoptada a votação por maioria sobre os k pontos de dados mais próximos, enquanto que para a regressão KNN, é calculada a média dos k pontos de dados mais próximos (número ímpar de vizinhos), que é considerada como resultado. A Figura 4.4 mostra como funciona o algoritmo KNN.

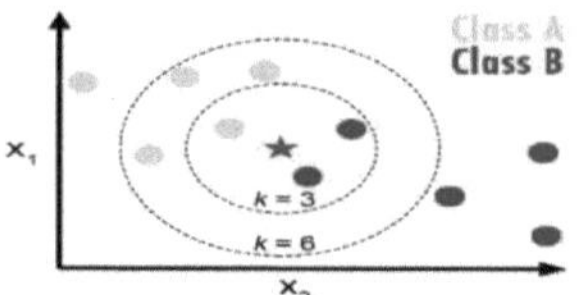

Figura 4. 4 Classificador KNN

Pode observar-se na figura que os pontos amarelo e violeta estão relacionados com a Classe A e a Classe B nos dados de treino, respetivamente. O ponto com a estrela vermelha está relacionado com os dados de teste, que precisam de ser classificados. Para k = 3, prevê-se que a Classe B seja a saída, enquanto que para quando K = 6, prevê-se que a Classe A seja a saída.

- Máquina de vetor de suporte (SVM)

O classificador SVM é um algoritmo de classificação binária de duas classes, que encontra o hiperplano que faz a distinção entre duas classes. A distância entre esse hiperplano e o vetor de apoio mais próximo é conhecida como a margem. O hiperplano típico é aquele que tem uma margem elevada com a distância máxima entre dois limites de decisão/vectores de apoio. A Figura 4.3 abaixo ilustra um exemplo de SVM.

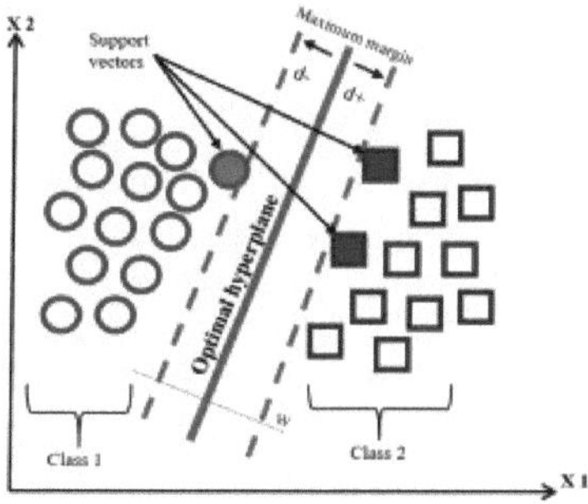

Figura 4. 4 Exemplo de SVM

Para SVM, a função kernel é responsável pela aprendizagem do hiperplano. A expressão abaixo define a fórmula do hiperplano:

$$f(x) = w^T x + b \qquad (4.3)$$

Onde: x é o vetor de características, e b é o enviesamento [46]. Para duas classes, separadas pelo hiperplano; uma delas é positiva +1 e a outra é negativa -1, o hiperplano para cada classe pode ser definido da seguinte forma

$$w^T x + b = +1 \qquad (4.4)$$

$$w^T x + b = -1 \qquad (4.5)$$

Assumindo $y \in \{1, -1\}$, as equações anteriores podem ser combinadas para serem:

$$y(w^T x + b) - 1 \geq 0 \qquad (4.6)$$

A distância entre o vetor de características x e o hiperplano para cada classe pode ser medida da seguinte forma

$$d_+ d_- = +\frac{2}{\|w\|} \qquad (4.7)$$

Onde: d+ é a distância na classe positiva, d- é a distância na classe negativa, e ||w|| é a norma Euclidiana. Pode-se notar que, para maximizar a margem, é necessário minimizar w. Este é o tipo mais simples de SVM, conhecido como SVM linear [46]. As principais vantagens da SVM são: oferecer uma melhor precisão, resolver a natureza de sobreajuste das amostras, lidar com características redundantes e de dimensão muito elevada, lidar com um espaço de entrada de elevada dimensão e a capacidade de encontrar um separador linear para a classificação de textos. No entanto, sofre com o facto de os dados serem linearmente separáveis. [47]

❖ **Algoritmo de aprendizagem profunda (DL):**

O algoritmo DL é utilizado para resolver problemas complicados, como o reconhecimento da fala e da imagem. Tem uma elevada precisão quando treinado em grandes quantidades de dados. Além disso, é capaz de lidar com dados não rotulados e não estruturados. O primeiro modelo informático foi introduzido em 1943 por Walter Pitts e Warren McCulloch para imitar o cérebro humano. As decisões em DL são tomadas com base nas entradas de cada nó da rede neuronal. Esta rede neuronal tem três camadas: a de entrada, a oculta e a de saída. As entradas são introduzidas no modelo através da camada de entrada, sendo depois processadas na camada oculta e, por fim, a saída é produzida na camada de saída, tal como expresso na figura seguinte.

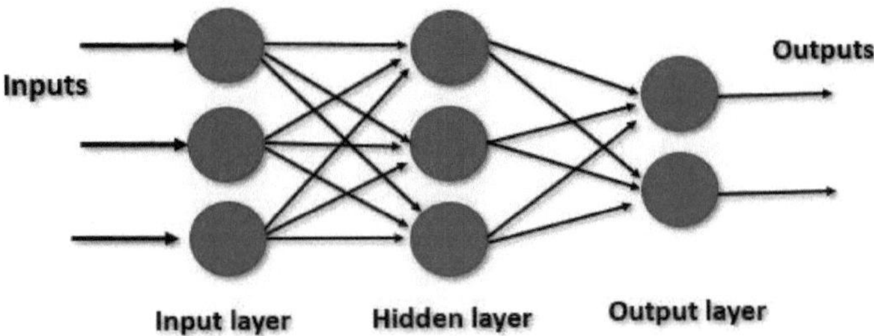

Figura 4. 5 Exemplo de rede neuronal

4.2.4 Avaliação Fase

Esta fase tem por objetivo avaliar a capacidade dos modelos propostos para classificar a data. Por conseguinte, são medidas quatro métricas de avaliação: exatidão, recordação, precisão e pontuação F1. Estas métricas baseiam-se na definição de quatro parâmetros: Verdadeiro Positivo (TP), Falso Positivo (FP), Verdadeiro Negativo (TN) e Falso Negativo (FN):

- TP: O número de dados noticiosos corretamente classificados
- TN: O número de dados não noticiosos corretamente classificados
- FP: O número de dados não noticiosos que foram incorretamente classificados como dados noticiosos.
- FN: O número de dados noticiosos que foram incorretamente classificados como dados não noticiosos.

A tabela 4.1 abaixo mostra a matriz de confusão que ilustra as relações entre os resultados das classes previstas.

Quadro 4. 1 Matriz de confusão para classificação de classes binárias

Atual / Previsto	Positivo	Negativo
Positivo	**TP**	**FN**
Negativo	**PF**	**TN**

O conteúdo dessa matriz de confusão é constituído por números inteiros, em que a soma dos quatro parâmetros é igual ao número de exemplos de teste (TP + TN + FP + FN = N). Utilizando esta matriz de confusão, a métrica de avaliação do desempenho pode ser calculada do seguinte modo

- **Precisão**: É a percentagem de dados corretamente classificados (notícias e não notícias) do conjunto de dados.

$$A = \frac{TP + TN}{TP + TN + FP + FN} \quad (4.8)$$

- **Precisão**: É o número de dados de notícias classificados corretamente dividido pelo número de dados classificados como notícias (correctos ou incorrectos).

$$P = \frac{TP}{TP + FP} \quad (4.9)$$

- **Recuperação**: É o número de dados noticiosos classificados corretamente dividido pelo número de dados noticiosos (classificados correcta ou incorretamente)

$$R = \frac{TP}{TP+FN} \quad (4.10)$$

- **Pontuação F1**: É uma medida da exatidão do teste, tendo em conta a precisão e a recuperação.

$$F1 - Score = \frac{2*P*R}{P+R} \quad (4.11)$$

4.3 Classificação dos dados de cibersegurança utilizando o modelo proposto s

Nesta secção, é avaliado o efeito do pré-processamento dos dados no desempenho dos modelos. Esta avaliação baseia-se na realização de duas experiências separadas utilizando os modelos de classificação propostos. Os dados não processados são fornecidos aos modelos na primeira experiência, enquanto os dados pré-processados são fornecidos aos modelos na segunda experiência. Em seguida, os resultados obtidos em ambas as experiências são analisados, discutidos e comparados.

4.3.1 Experiências realizadas

As subsecções seguintes detalham as experiências realizadas para estudar o efeito do pré-processamento dos dados no desempenho dos modelos de classificação baseados na aprendizagem automática e na aprendizagem profunda propostos.

4.3.1.1 *Experiência 1: Alimentar o modelo com dados não processados*

Na primeira experiência, os 36071 tweets de ciberataques recolhidos através da API do Twitter são enviados diretamente para os modelos de classificação sem aplicar qualquer método de pré-processamento de texto. Esses dados são previamente classificados como não noticiosos, noticiosos normais e noticiosos de alto risco, como se mostra na tabela 4.2, depois de se removerem 9 tweets devido a erros de classificação.

Quadro 4. 2 Número de pontos de dados em cada classe

Não_Notícias	**31231**
Normal_Notícias	3948
Notícias de alto risco	892

Os dados não processados são introduzidos nos cinco modelos de classificação baseados na aprendizagem automática, que são combinados com os métodos de representação de características propostos, conforme explorado na tabela 4.3.

Quadro 4. 3 Modelos de aprendizagem automática utilizados nas experiências para a primeira e segunda abordagens e respectivos parâmetros.

Representação de características	Algoritmo	n-grama
Vectorizador de contagem	Árvore de decisão	padrão
	K Vizinhos	padrão
	Regressão logística	padrão
	Multinomial Naive Bayes	padrão
	SVM	padrão
	Árvore de decisão	(1,2)
	KNN	(1,2)
	Regressão logística	(1,2)
	Multinomial Naive Bayes	(1,2)
	SVM	(1,2)
TF-IDF	Árvore de decisão	padrão
	KNN	padrão
	Regressão logística	padrão
	Multinomial Naive Bayes	padrão
	SVM	padrão
	Árvore de decisão	(1,2)
	KNN	(1,2)
	Regressão logística	(1,2)
	Multinomial Naive Bayes	(1,2)
	SVM	(1,2)
Predefinição	Aprendizagem profunda	padrão

Para o algoritmo de aprendizagem profunda, o TensorFlow é utilizado para construir uma rede neural. Os dados não processados são introduzidos na camada de entrada, seguida, numa sequência, por uma camada de incorporação, uma camada de pooling máximo global, duas camadas densas e, finalmente, uma camada de saída. A camada de saída tem 3 unidades, em que cada unidade está relacionada com uma etiqueta de classe. A arquitetura final da rede neural é mostrada na figura 4.7, onde o número total de parâmetros treináveis é igual a 30538043.

```
Model: "sequential"
_________________________________________________________________
Layer (type)                 Output Shape              Param #
=================================================================
embedding (Embedding)        (None, 25, 500)           30533000
_________________________________________________________________
global_max_pooling1d (Global (None, 500)               0
_________________________________________________________________
dense (Dense)                (None, 10)                5010
_________________________________________________________________
dense_1 (Dense)              (None, 3)                 33
=================================================================
Total params: 30,538,043
Trainable params: 30,538,043
Non-trainable params: 0
```

Figura 4.7 Arquitetura da rede neuronal para a primeira abordagem

4.3.1.2 *Segunda experiência: Alimentar o modelo com dados pré-processados*

Na segunda experiência, os 36071 tweets de ciberataques recolhidos são inicialmente pré-processados através da aplicação dos processos de filtragem e limpeza propostos, sendo depois introduzidos nos modelos de classificação. A Figura 4.8 mostra a diferença na distribuição do comprimento dos tweets (em caracteres) antes e depois da aplicação da fase de pré-processamento do conjunto de dados. É óbvio que há uma redução no comprimento da maioria dos tweets, de 500 ou menos caracteres antes do pré-processamento para 300 ou menos caracteres após o pré-processamento.

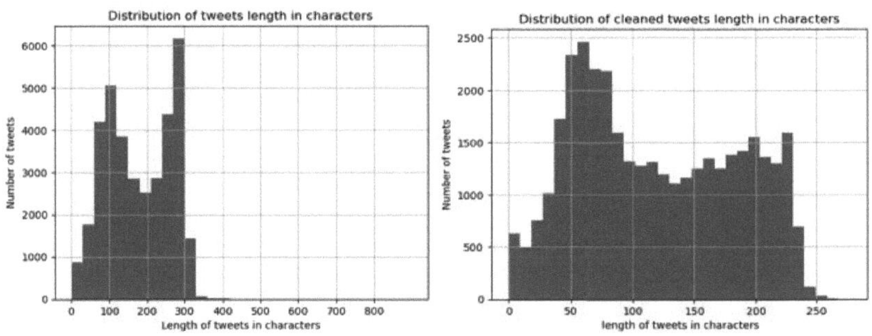

Figura 4. 8 Distribuição do comprimento dos tweets em caracteres antes e depois da limpeza do texto

A Figura 4.9 abaixo ilustra as palavras mais comuns nos tweets antes de aplicar a fase de pré-processamento (lado esquerdo) e depois de aplicar a fase de pré-processamento (lado direito). É óbvio que, antes do pré-processamento do conjunto de dados, a maioria das palavras comuns são palavras de paragem, tais como, of, to e the. Essas palavras e caracteres são, na sua maioria, irrelevantes e são considerados como ruído no processo de aprendizagem da aprendizagem automática. Por outro lado, as palavras mais comuns após o pré-processamento do conjunto de dados estão relacionadas com a tarefa de classificação, como ciberataque, ransomware e hacking.

Figura 4. 9 Nuvem de palavras para as palavras mais comuns antes e depois da limpeza do texto para todo o conjunto de dados

A Figura 4.10 ilustra a diferença na distribuição do comprimento dos tweets de notícias normais (em caracteres) antes e depois do pré-processamento do conjunto de dados. Pode notar-se que o intervalo de comprimento dos tweets é reduzido de 400 e menos caracteres antes do pré-processamento do conjunto de dados para 270 e menos caracteres após o pré-processamento do conjunto de dados.

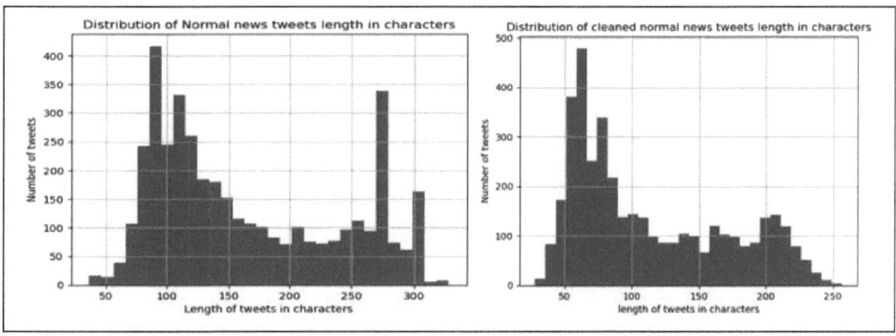

Figura 4. 10 Distribuições do comprimento dos tweets de notícias normais em caracteres antes e depois da limpeza do texto

A Figura 4.11 abaixo ilustra as palavras mais comuns antes de aplicar a fase de pré-processamento (lado esquerdo) e depois de aplicar a fase de pré-processamento (lado direito) para dados de notícias normais. É óbvio que, antes do pré-processamento dos dados, a maioria das palavras comuns são palavras de paragem como, de, para, e o. Estas palavras e caracteres são na sua maioria irrelevantes. Estas palavras e caracteres são, na sua maioria, irrelevantes e são considerados como ruído no processo de aprendizagem da aprendizagem automática. Em contrapartida, as palavras mais comuns após o pré-processamento dos dados estão relacionadas com a tarefa de classificação, como ransomware, attack, cyberattack, spyware e breach.

Figura 4. 11 Nuvem de palavras para as palavras mais comuns na classe das notícias normais antes e depois da limpeza do texto

A Figura 4.12 ilustra a diferença na distribuição do comprimento dos tweets de notícias de alto risco (em caracteres) antes e depois do pré-processamento do conjunto de dados. Pode notar-se que o intervalo de comprimento dos tweets é reduzido de 400 e menos caracteres antes do pré-processamento do conjunto de dados para 250 e menos caracteres após o pré-processamento do conjunto de dados.

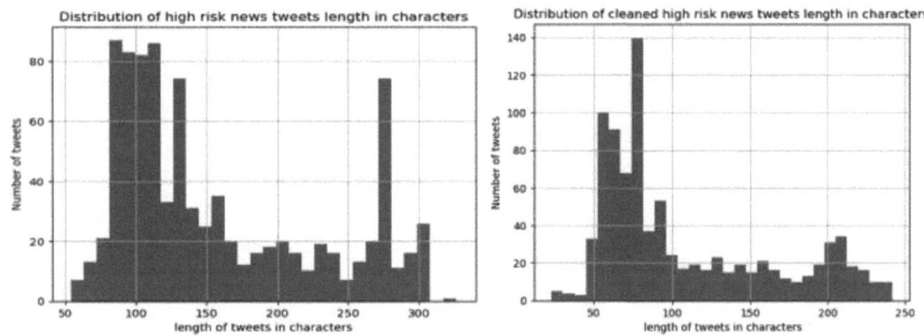

Figura 4. 6 Distribuição do comprimento em caracteres dos tweets de notícias de alto risco antes e depois da limpeza do texto

A Figura 4.13 mostra as palavras mais comuns antes de aplicar a fase de pré-processamento (lado esquerdo) e depois de aplicar a fase de pré-processamento (lado direito) para dados de notícias de alto risco. É óbvio que, antes do pré-processamento dos dados, a maioria das palavras comuns são palavras de paragem, tais como to, of, that, a, e the. Estas palavras e caracteres são, na sua maioria, irrelevantes e são considerados como ruído no processo de aprendizagem da aprendizagem automática. Em contrapartida, as palavras mais comuns após o pré-processamento dos dados estão relacionadas com a tarefa de classificação, como phishing, warns, ransomware e attacks.

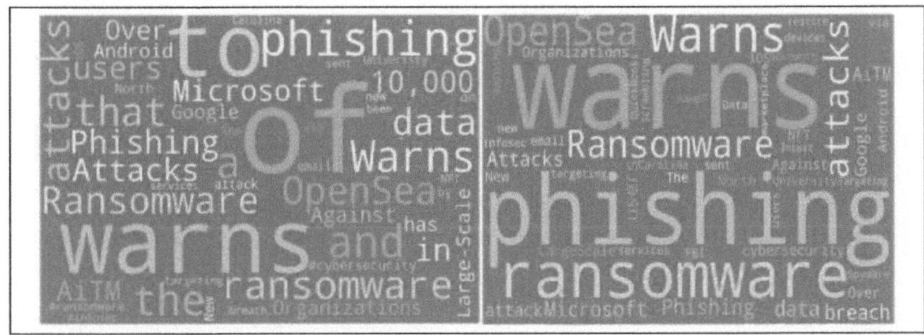

Figura 4. 7 Nuvem de palavras para as palavras mais comuns na classe de notícias de alto risco antes e depois da limpeza do texto

A Figura 4.14 ilustra a diferença na distribuição do comprimento dos tweets sem notícias (em caracteres) antes e depois do pré-processamento. É óbvio que o intervalo de comprimento dos tweets é reduzido de 1000 e menos caracteres antes do pré-processamento para 300 e menos caracteres após o pré-processamento. Esses tweets muito longos contêm muitos espaços vazios e, na sua maioria, são considerados como valores anómalos que podem confundir o modelo e aumentar o problema de sobreajuste.

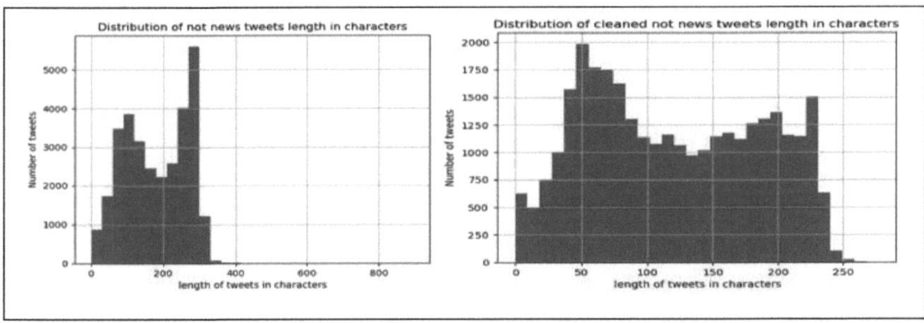

Figura 4. 8 Distribuição do comprimento em caracteres dos tweets de notícias de alto risco antes e depois da limpeza do texto

A Figura 4.15 abaixo indica as palavras mais comuns resultantes antes de aplicar a fase de pré-processamento (lado esquerdo) e depois de aplicar a fase de pré-processamento (lado direito) para dados não noticiosos. É óbvio que, antes do pré-processamento dos dados, a maioria das palavras comuns são palavras de paragem, como to, of e the. Estas palavras e caracteres são, na sua maioria, irrelevantes e são considerados como ruído no processo de aprendizagem da aprendizagem automática. Em contrapartida, as palavras mais comuns após o pré-processamento dos dados estão relacionadas com a tarefa de classificação, como ransomware, ciberataque, phishing e hacking.

Figura 4. 9 Nuvem de palavras para as palavras mais comuns na classe das não-notícias antes e depois da limpeza do texto.

É óbvio, com base nos resultados acima apresentados, que a fase de pré-processamento dos dados, incluindo os processos de limpeza e filtragem, tem um grande impacto tanto no comprimento dos tweets como no conteúdo das palavras relevantes dentro de cada tweet. Em seguida, o efeito desta fase no desempenho do modelo de classificação é avaliado com base na divisão dos dados pré-processados num conjunto de treino com 80% dos dados e num conjunto de teste com 20% dos dados. Todos os pontos de dados foram baralhados para reduzir o problema de sobreajuste, assim como o argumento de estratificação no conjunto de treino está associado à coluna de etiqueta da classe, para garantir que os dados são divididos de forma estratificada. Isto é efectuado porque os dados são desequilibrados.

As mesmas combinações de aprendizagem automática com técnicas de representação de características que foram utilizadas na primeira experiência (quadro 4.3) são também utilizadas nesta experiência para garantir que os resultados de desempenho são apenas afectados pelo processo de limpeza do texto, que é o único parâmetro alterável em ambas as experiências.

Para o modelo de aprendizagem profunda, o TensorFlow também é utilizado para construir uma rede neural. A mesma arquitetura, apresentada na figura 4.16, é utilizada em ambas as experiências. No entanto, a arquitetura da segunda experiência resultou em 15424543 parâmetros treináveis em comparação com a primeira experiência, que resultou em 30538043. Isto significa que a segunda experiência diminuiu o número de parâmetros para quase metade, porque a camada de incorporação na segunda experiência tem 15419500 parâmetros treináveis, em comparação com os 30533000 parâmetros treináveis na primeira experiência. Isto deve-se à dependência do número de parâmetros na camada de incorporação das dimensões de entrada, do comprimento de entrada e da dimensão de saída. O comprimento de entrada é definido como 25, enquanto a dimensão de saída é definida como 500 em ambas as experiências. A única variável que difere entre as duas experiências é a dimensão de entrada, que é alterada devido ao processo de limpeza do texto que resulta numa redução notória do número de parâmetros treináveis.

```
Model: "sequential"
_________________________________________________________________
Layer (type)                 Output Shape              Param #
=================================================================
embedding (Embedding)        (None, 25, 500)           15419500
_________________________________________________________________
global_max_pooling1d (Global (None, 500)               0
_________________________________________________________________
dense (Dense)                (None, 10)                5010
_________________________________________________________________
dense_1 (Dense)              (None, 3)                 33
=================================================================
Total params: 15,424,543
Trainable params: 15,424,543
Non-trainable params: 0
```

Figura 4. 10 Arquitetura da rede neuronal para a segunda abordagem

4.3.2 Resultados e avaliação empírica

O melhor modelo é selecionado com base na pontuação F1 mais elevada registada. Isto porque a pontuação de exatidão não pode representar o desempenho de modelos diferentes devido ao desequilíbrio dos dados no conjunto de dados, como mostra a figura 4.17. A figura mostra claramente que 87% dos dados são rotulados como não notícias, 11% são rotulados como notícias normais, enquanto apenas 2% são rotulados como notícias de alto risco.

Na matriz de confusão apresentada no quadro 4.1, é necessário maximizar o número de parâmetros na diagonal, uma vez que estes representam os dados corretamente classificados. Por outro lado, é necessário minimizar os parâmetros fora da diagonal, uma vez que representam os dados incorretamente classificados. Isto, por sua vez, pode simplificar a forma de determinar o modelo com melhor desempenho através da soma dos números diagonais, em que o modelo que tem o maior número de dados corretamente classificados é o melhor.

No caso de ser necessário minimizar apenas os falsos positivos, a melhor métrica a ser medida é a precisão, enquanto no caso de ser necessário minimizar apenas os falsos negativos, a melhor métrica a ser medida é a recuperação. Neste projeto, o objetivo é minimizar tanto os falsos negativos como os falsos positivos, pelo que a pontuação F1, que representa a média harmónica entre as métricas de precisão e de recuperação, é adoptada para determinar o melhor modelo de classificação.

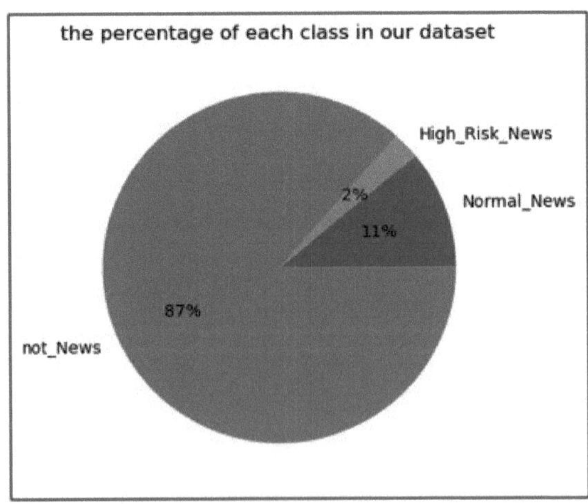

Figura 4. 11 Gráfico de pizza para a percentagem de cada classe no conjunto de dados.

As subsecções seguintes exploram os resultados obtidos em ambas as experiências e, em seguida, apresentam uma comparação entre elas para decidir qual o melhor modelo de classificação em termos de pontuação F1.

Resultados da primeira experiência: alimentar o modelo com dados não processados

Esta experiência baseia-se na alimentação dos modelos de classificação com dados não processados. As métricas de avaliação calculadas para o modelo de classificação baseado na aprendizagem profunda e para cada um dos cinco modelos de classificação baseados na aprendizagem automática, combinados com os dois métodos de representação de características propostos, são apresentadas na tabela 4.4. Na tabela, o valor predefinido de n-grama é (1, 1), que representa apenas unigramas.

Quadro 4. 4 Métricas de desempenho dos modelos para a primeira experiência.

Representação de características	Algoritmo	n-grama	Exatidão	Precisão	Recall	Pontuação F1
Vectorizador de contagem	Árvore de decisão	Predefinição	0.954	0.854	0.805	0.827
	KNN	Predefinição	0.951	0.864	0.783	0.819
	Regressão logística	**Predefinição**	**0.974**	**0.912**	**0.856**	**0.88**
	Multinomial Naive Bayes	padrão	0.953	0.9	0.73	0.778
	SVM	padrão	0.972	0.906	0.837	0.866
	Árvore de decisão	(1,2)	0.956	0.875	0.813	0.838
	KNN	(1,2)	0.945	0.911	0.739	0.807
	Regressão logística	(1,2)	0.974	0.911	0.851	0.877
	Multinomial Naive Bayes	(1,2)	0.963	0.911	0.781	0.826
	SVM	(1,2)	0.973	0.916	0.84	0.873
TF-IDF	Árvore de decisão	padrão	0.945	0.835	0.813	0.822
	KNN	padrão	0.939	0.921	0.714	0.791
	Regressão logística	padrão	0.958	0.877	0.816	0.841
	Multinomial Naive	padrão	0.891	0.943	0.415	0.448
	SVM	padrão	0.971	0.908	0.837	0.867
	Árvore de decisão	(1,2)	0.942	0.821	0.817	0.818
	KNN	(1,2)	0.935	0.924	0.692	0.775

	Regressão logística	(1,2)	0.959	0.901	0.805	0.842
	Multinomial Naive Bayes	(1,2)	0.914	0.957	0.534	0.618
	SVM	(1,2)	0.973	0.926	0.839	0.874
Predefinição	Aprendizagem profunda	padrão	0.966	0.85	0.86	0.85

A tabela acima mostra claramente que o modelo de classificação com melhor desempenho na primeira experiência é a regressão logística com o método de representação de características do vetor de contagem e o intervalo de n-gramas definido como (1,1) para unigramas. Revelou o melhor desempenho com o valor mais elevado da pontuação F1 de 88%. O desempenho dos cinco modelos de classificação baseados na aprendizagem automática, combinados com o método de representação de características do vetor de contagem com um intervalo de n-gramas definido como (1, 1), é ilustrado na figura 4.19 em termos de matrizes de confusão.

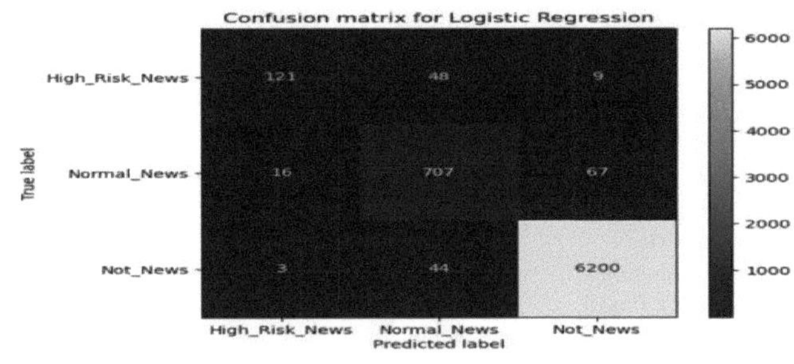

(a) LR

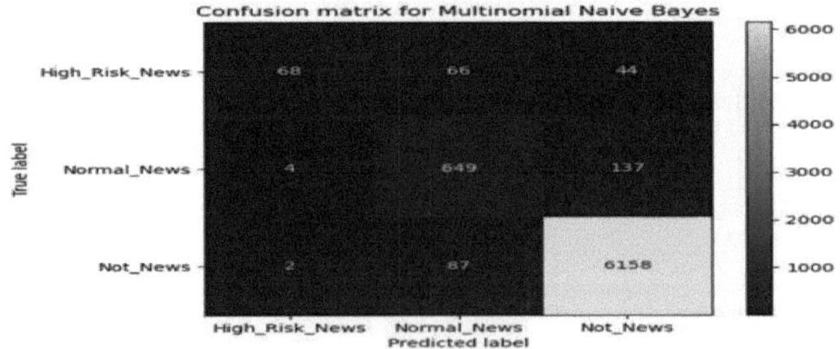

(b) MNB

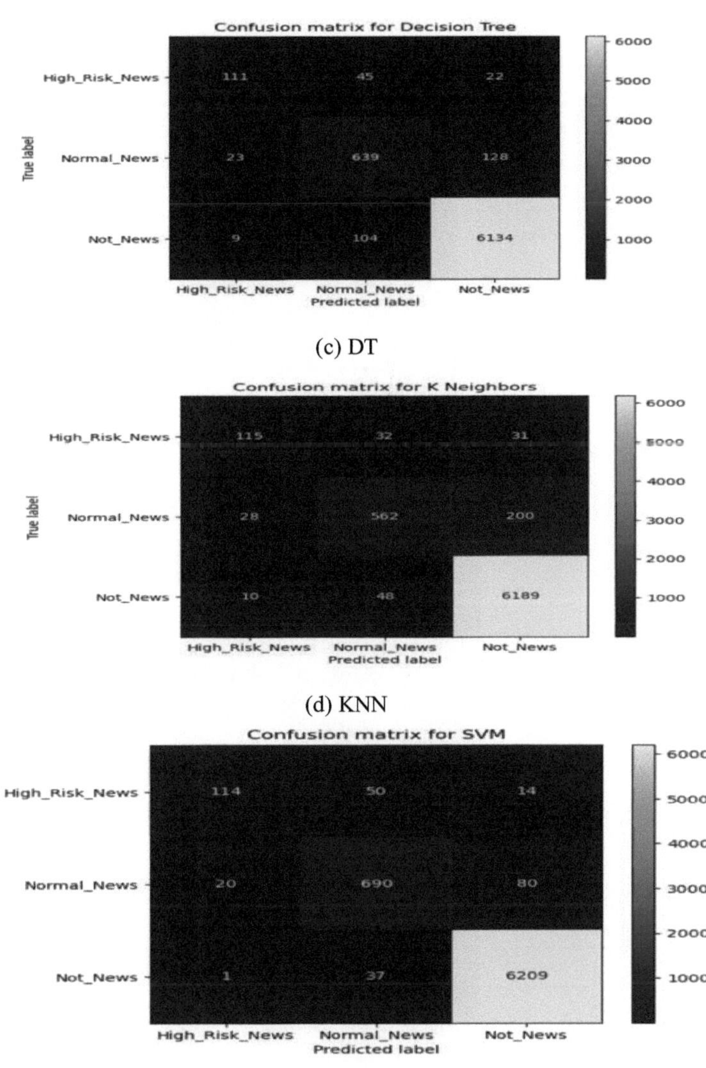

(e) SVM

Figura 4. 12 Matrizes de confusão para o desempenho dos modelos: (a) LR, (b) MNB, (c) DT, (d) KNN e (e) SVM com vetor de contagem e n-grama definido para (1,1).

A figura mostra claramente que o algoritmo de regressão logística para o unigrama classificou corretamente 6200 tweets como não notícias, 707 tweets como notícias normais e 121 tweets como notícias de alto risco. Por conseguinte, obteve uma pontuação f1 de 88%.

O desempenho dos cinco modelos de classificação baseados na aprendizagem automática, combinados com o método de representação de características do vetor de contagem com um intervalo de n-gramas definido como (1, 2), é ilustrado na figura 4.19 em termos de matrizes de confusão.

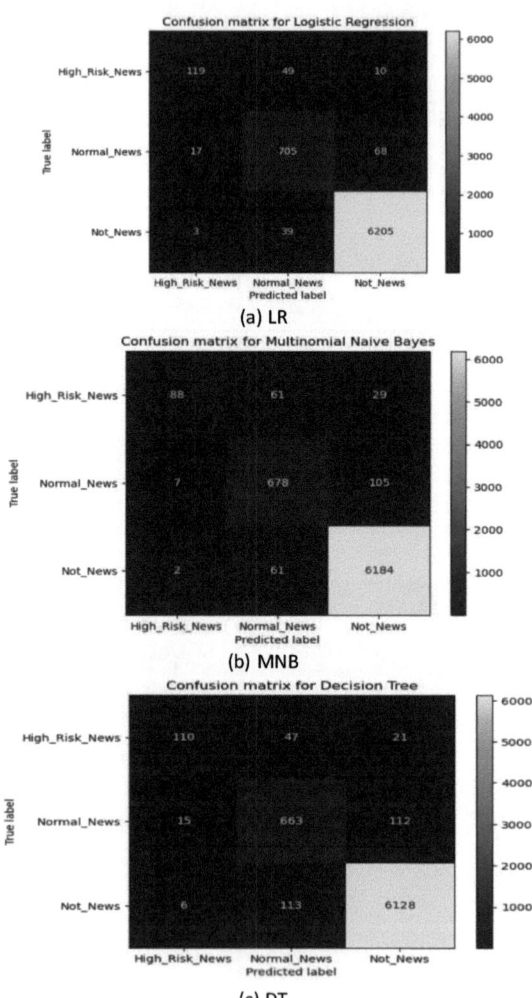

(a) LR

(b) MNB

(c) DT

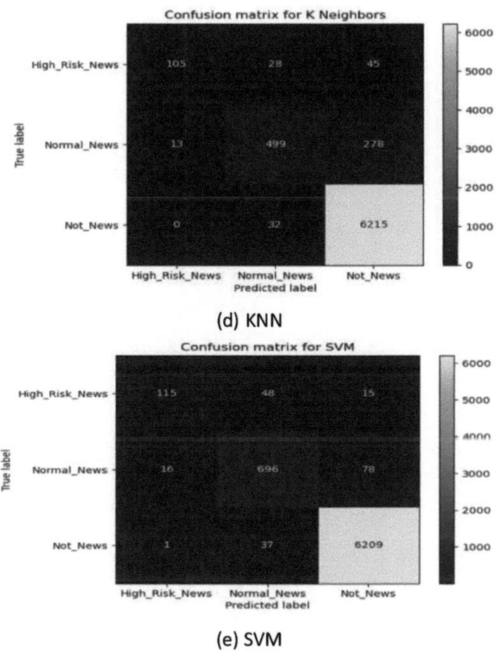

(d) KNN

(e) SVM

Figura 4. 13 Matrizes de confusão para o desempenho dos modelos: (a) LR, (b) MNB, (c) DT, (d) KNN e (e) SVM com vetor de contagem e n-grama definido para (1,2).

A figura mostra claramente que o algoritmo de regressão logística para unigramas e bigramas classificou corretamente 6205 tweets como não notícias, 705 tweets como notícias normais e 119 tweets como notícias de alto risco. Por conseguinte, obteve uma pontuação f1 de 87,7%.

Para o método de representação de características TF-IDF, o desempenho dos cinco modelos de classificação baseados na aprendizagem automática com um intervalo de n-gramas definido como (1, 1) é apresentado na figura seguinte em termos de matrizes de confusão.

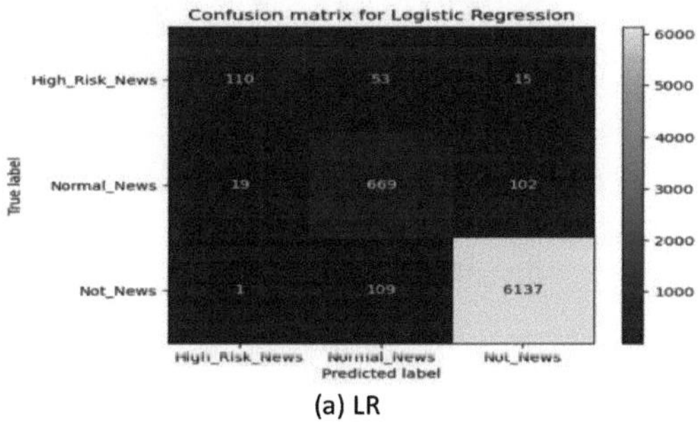

(a) LR

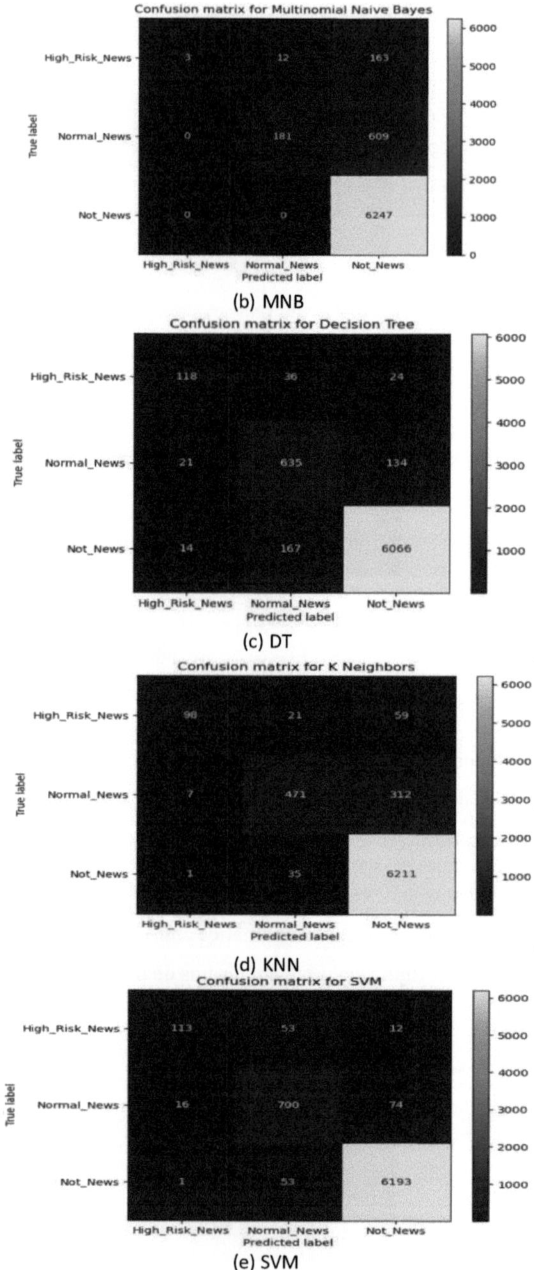

(b) MNB

(c) DT

(d) KNN

(e) SVM

Figura 4. 20 Matrizes de confusão para o desempenho dos modelos: (a) LR, (b) MNB, (c) DT, (d) KNN e (e) SVM com TF-IDF e n-grama definido para (1, 1).

Para o valor predefinido do intervalo de n-gramas de (1, 1), a SVM obteve a pontuação f1 mais elevada de 86,7%. Classificou corretamente 6193 tweets como não notícias, 700 tweets como notícias normais e 113 tweets como notícias de alto risco.

O desempenho dos cinco modelos de classificação baseados na aprendizagem automática, combinados com o método de representação de características TF-IDF com um intervalo de n-gramas definido como (1, 2), é apresentado na figura seguinte em termos de matrizes de confusão.

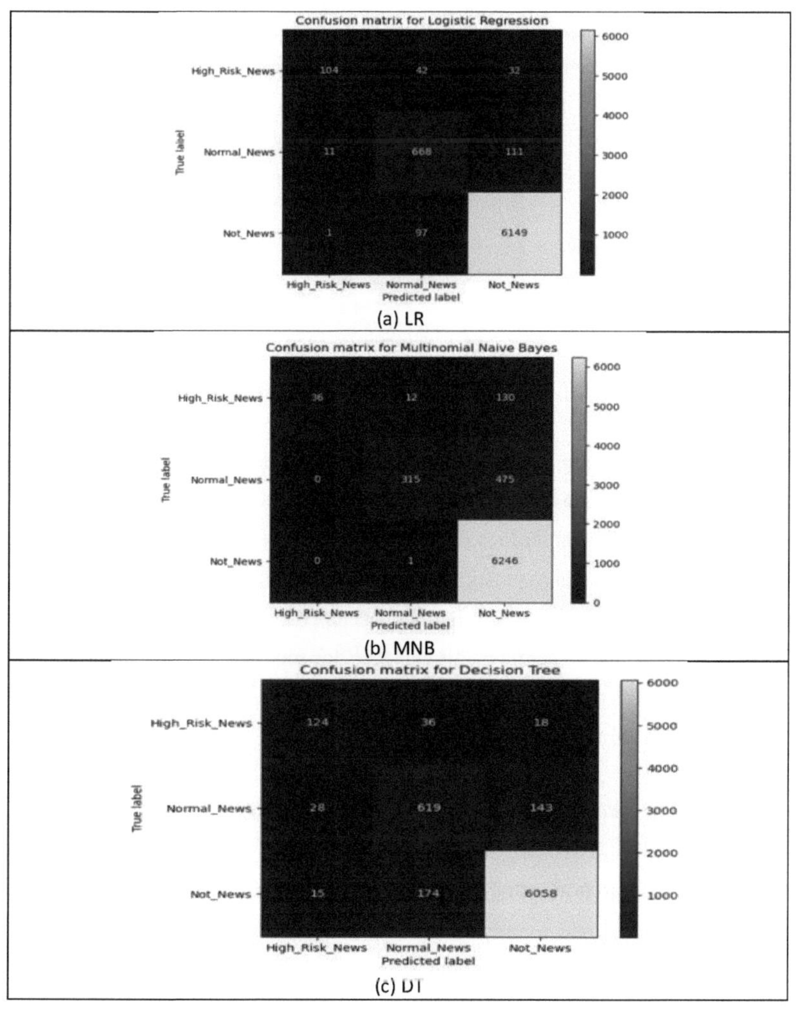

(a) LR

(b) MNB

(c) DT

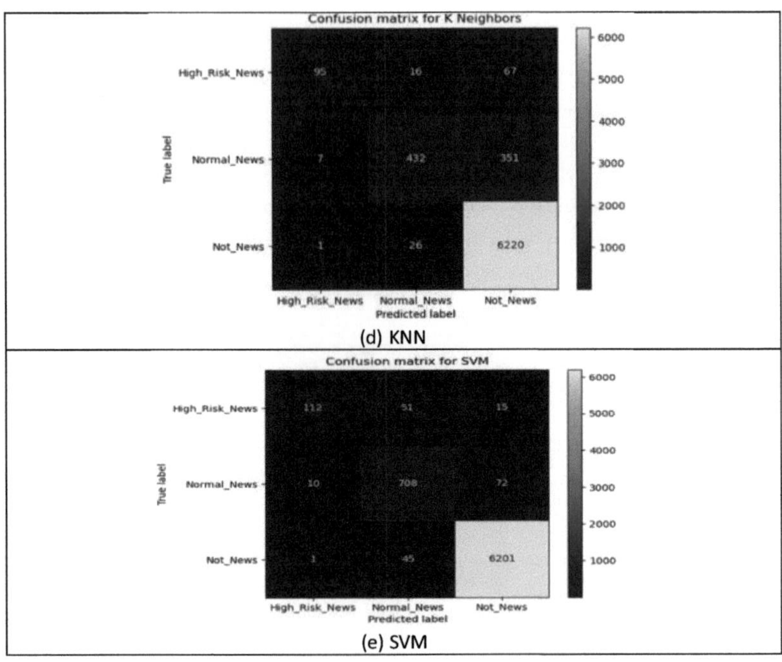

Figura 4. 21 Matrizes de confusão para o desempenho dos modelos: (a) LR, (b) MNB, (c) DT, (d) KNN e (e) SVM com vectorização TF-IDF e n-grama definido para (1,2)

Entre os cinco modelos que combinaram a representação de características TF-IDF com o parâmetro n-gramas definido para (1, 2), o SVM também registou os resultados de desempenho mais elevados, com uma pontuação f1 de 87,4%. Classificou corretamente 6193 tweets como não notícias, 700 tweets como notícias normais e 113 tweets como notícias de alto risco. Por conseguinte, é o segundo modelo com melhor desempenho após a regressão logística para a primeira experiência, que se centra na alimentação dos modelos de classificação com dados não processados. Para o classificador de aprendizagem profunda, foi registada uma pontuação F1 de 85%, como mostra a tabela 4.4.

4.3.2.1 *Resultados da Segunda Experiência: Alimentar o Modelo com Dados Pré-Processados*

Esta experiência baseia-se na alimentação dos modelos de classificação com dados pré-processados. Por conseguinte, o conjunto de dados é inicialmente limpo e filtrado para remover todas as informações irrelevantes, como palavras de paragem, pontuações, menções e caracteres repetidos. As métricas de avaliação calculadas para o modelo de classificação baseado na aprendizagem profunda e para cada um dos cinco modelos de classificação baseados na aprendizagem automática, combinados com diferentes métodos de representação de características, são apresentadas na tabela 4.5. No que respeita à experiência 1, o valor predefinido de n-grama é (1, 1), que representa apenas unigramas.

Quadro 4. 5 Métricas de desempenho dos modelos para a segunda experiência

Representação de características	Algoritmo	n-grama	Exatidão	Precisão	Recall	Pontuação F1
Vectorizador de contagem	Árvore de decisão	padrão	0.951	0.842	0.813	0.827
	KNN	padrão	0.95	0.892	0.772	0.823
	Regressão logística	padrão	0.97	0.901	0.846	0.871
	Multinomial Naive Bayes	padrão	0.953	0.865	0.81	0.825
	SVM	padrão	0.968	0.916	0.823	0.862
	Árvore de decisão	(1,2)	0.953	0.858	0.83	0.843
	KNN	(1,2)	0.942	0.911	0.733	0.803
	Regressão logística	**(1,2)**	**0.972**	**0.909**	**0.849**	**0.876**
	Multinomial Naive Bayes	(1,2)	0.965	0.913	0.815	0.851
	SVM	(1,2)	0.969	0.918	0.828	0.866
TF-IDF	Árvore de decisão	padrão	0.946	0.834	0.815	0.823
	KNN	padrão	0.943	0.903	0.735	0.801
	Regressão logística	padrão	0.964	0.919	0.803	0.851
	Multinomial Naive	padrão	0.925	0.953	0.573	0.658
	SVM	padrão	0.968	0.921	0.823	0.864
	Árvore de decisão	(1,2)	0.943	0.82	0.815	0.816
	KNN	(1,2)	0.942	0.911	0.733	0.803
	Regressão logística	(1,2)	0.963	0.93	0.802	0.853
	Multinomial Naive Bayes	(1,2)	0.931	0.951	0.613	0.704
	SVM	(1,2)	0.969	0.93	0.825	0.868
Predefinição	Aprendizagem profunda	padrão	0.962	0.90	0.83	0.86

Como se verificou na segunda experiência, o melhor desempenho foi registado para o modelo de classificação baseado na regressão logística, com uma pontuação F1 de 87,6%. É ligeiramente inferior à pontuação F1 registada para o classificador de regressão logística na primeira experiência, que é igual a 88%. O modelo de classificação baseado na regressão logística obteve a pontuação F1 mais elevada quando combinado com o método de representação de características do vectorizador de contagem com o valor predefinido de (1,1) apenas para unigramas. O desempenho dos cinco modelos de classificação baseados na aprendizagem automática, combinados com o método de representação de características do vetor de contagem com o valor predefinido de (1,1), é demonstrado na figura seguinte em termos de matrizes de confusão.

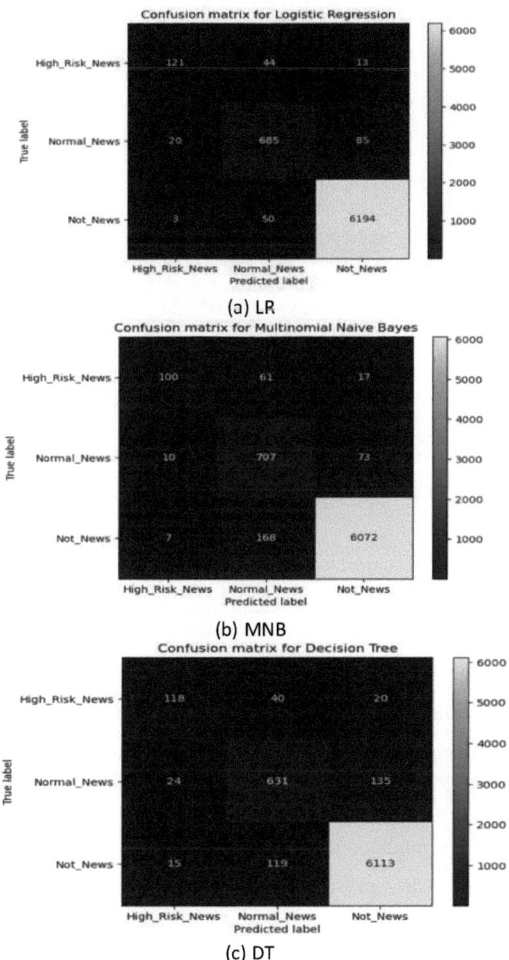

(a) LR

(b) MNB

(c) DT

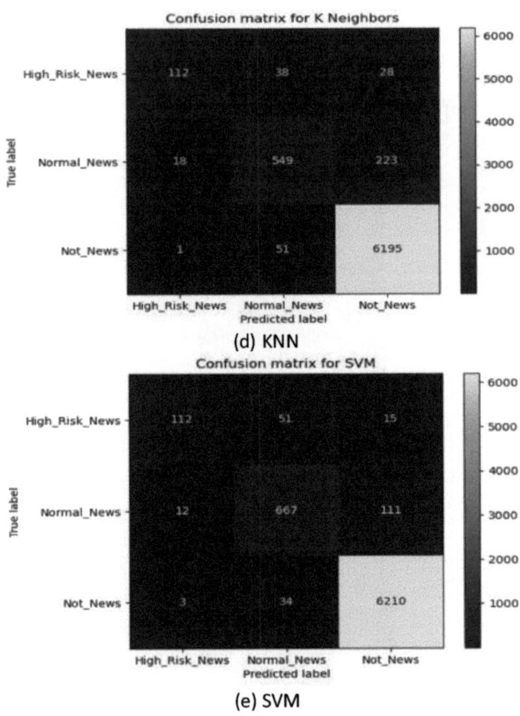

Figura 4. 22 Matrizes de confusão para o desempenho dos modelos: (a) LR, (b) MNB, (c) DT, (d) KNN e (e) SVM com vetor de contagem e n-grama definido para (1,1).

É possível verificar que o modelo de classificação baseado na regressão logística para o unigrama classificou corretamente 6194 tweets como não notícias, 685 tweets como notícias normais e 121 tweets como notícias de alto risco. Por conseguinte, obteve uma pontuação F1 de 87,1%.

O desempenho dos cinco modelos de classificação baseados na aprendizagem automática, combinados com o método de representação de características do vetor de contagem com um intervalo de n-gramas definido como (1, 2), é apresentado na figura seguinte em termos de matrizes de confusão.

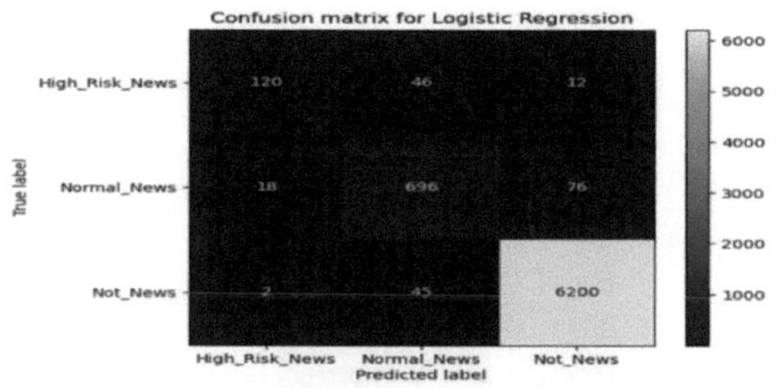

(a) LR

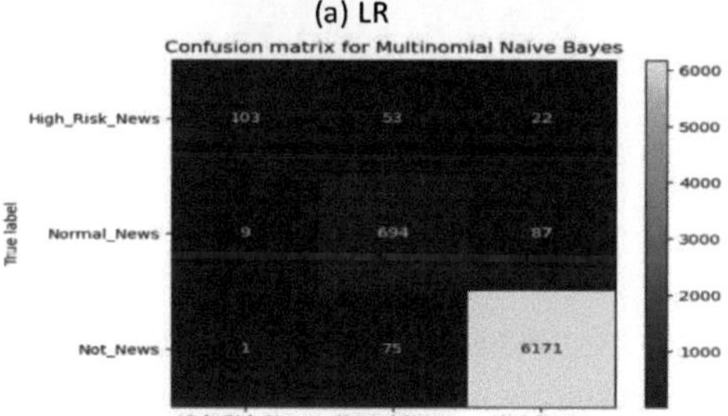

(b) MNB

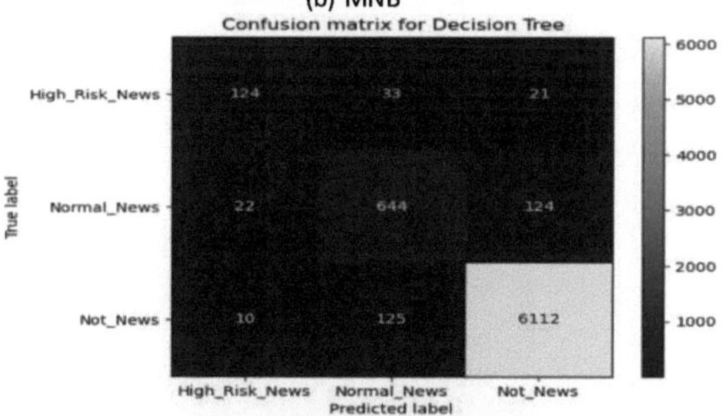

(c) DT

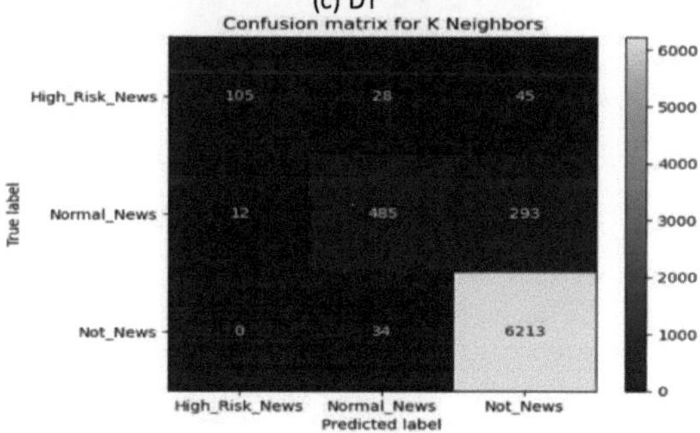

(d) KNN

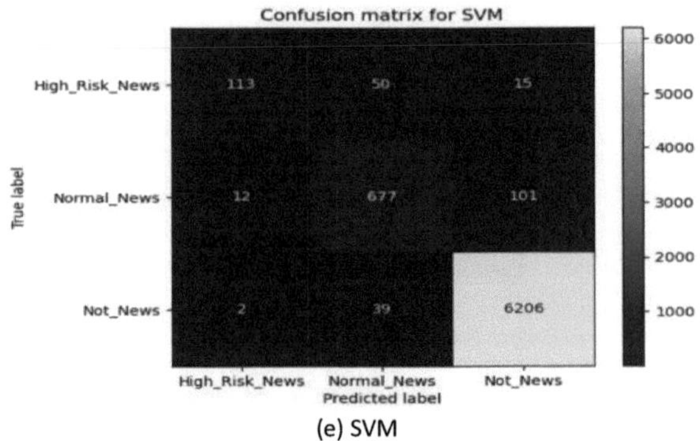

(e) SVM

Figura 4. 14 Matrizes de confusão para o desempenho dos modelos: (a) LR, (b) MNB, (c) DT, (d) KNN e (e) SVM com vetor de contagem e n-grama definido para (1,2).

A figura mostra claramente que o algoritmo de regressão logística para ambos os conjuntos (1, 2) classificou corretamente 6200 tweets como não notícias, 696 tweets como notícias normais e 120 tweets como notícias de alto risco. Por conseguinte, obteve uma pontuação F1 de 87,6%.

Para o método de representação de características TF-IDF, o desempenho dos cinco modelos de classificação baseados na aprendizagem automática com um intervalo de n-gramas definido como (1, 1) é ilustrado na figura seguinte em termos de matrizes de confusão.

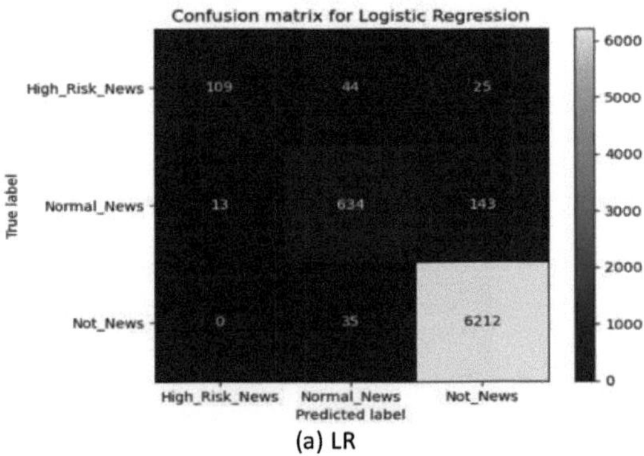

(a) LR

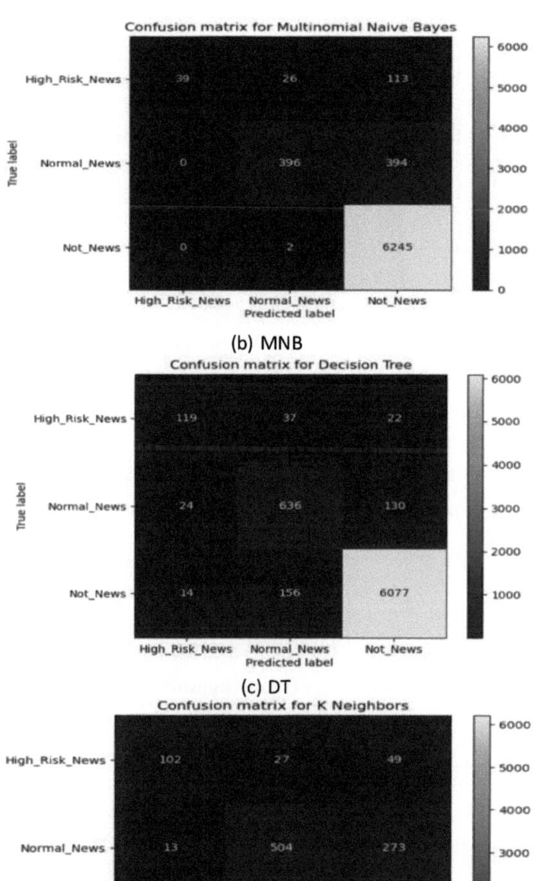

(b) MNB

(c) DT

(d) KNN

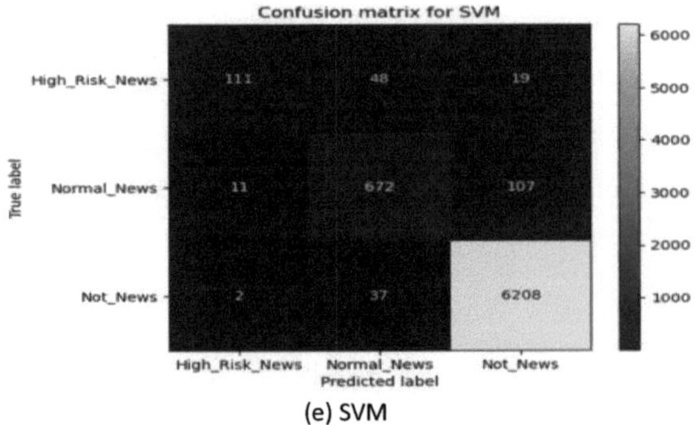

(e) SVM

Figura 4. 15 Matrizes de confusão para o desempenho dos modelos: (a) LR, (b) MNB, (c) DT, (d) KNN e (e) SVM com TF-IDF e n-grama definido para (1,1).

Para o intervalo de n-gramas predefinido de (1, 1), a SVM registou a pontuação F1 mais elevada de 86,4%. Classificou corretamente 6208 tweets como não-notícias, 672 tweets como notícias normais e 111 tweets como notícias de alto risco.

O desempenho dos cinco modelos de classificação baseados na aprendizagem automática, combinados com o método de representação de características TF-IDF com um intervalo de n-gramas definido como (1, 2), é ilustrado na figura seguinte em termos de matrizes de confusão.

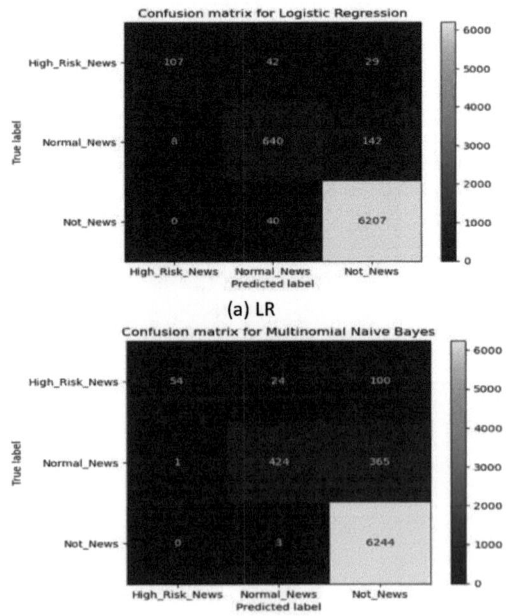

(a) LR

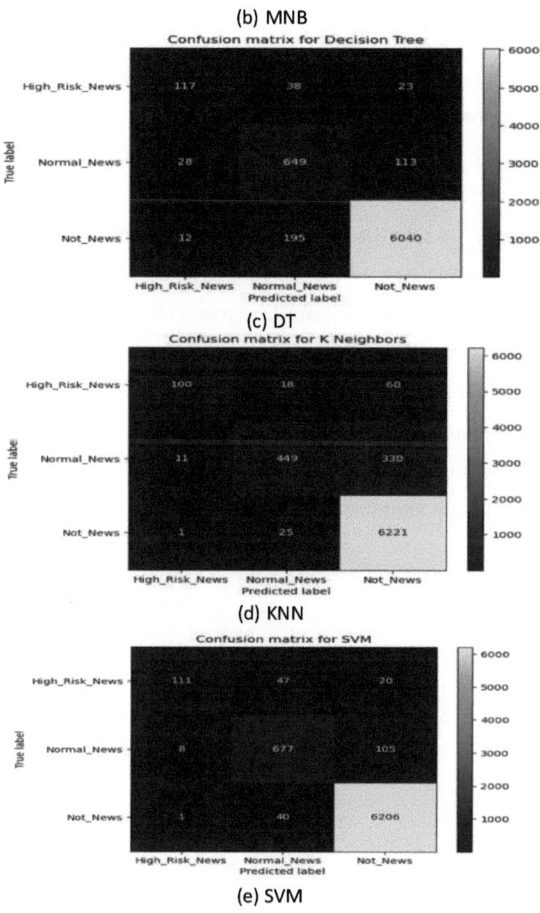

Figura 4. 16 Matrizes de confusão para o desempenho dos modelos: (a) LR, (b) MNB, (c) DT, (d) KNN e (e) SVM com TF-IDF e n-grama definido para (1,2).

Também neste caso, o SVM registou os melhores resultados de desempenho com uma pontuação F1 de 86,8%. Classificou corretamente 6206 tweets como não notícias, 677 tweets como notícias normais e 111 tweets como notícias de alto risco. Por conseguinte, o SVM é o segundo modelo de classificação com melhor desempenho, a seguir à regressão logística, para a segunda experiência baseada na alimentação dos modelos de classificação com dados pré-processados. Para o modelo de classificação baseado na aprendizagem profunda, foi registada uma pontuação F1 de 86%, conforme ilustrado na tabela 4.5.

4.3.2.2 *Discussão e comparação*

A Tabela 4.6 abaixo mostra uma comparação entre as duas experiências realizadas que adoptaram a mesma aprendizagem profunda e os mesmos cinco modelos de classificação baseados na aprendizagem automática, combinados com o mesmo método de representação de características, o vectorizador ou o TF-IDF para ambos os valores de intervalo de n-gramas; (1,1) para unigrama e (1,) para unigrama e bigrama. A comparação baseia-se no valor medido do F1-score, em que o modelo com o F1-score mais elevado apresenta o melhor desempenho. Foi revelado que o algoritmo de classificação de regressão logística, combinado com o método de representação de características do vetor de contagem para o intervalo de n-gramas de (1, 1), que foi alimentado com dados não processados, é o melhor modelo de classificação para o conjunto de dados proposto, com uma pontuação F1 de 88%. Verificou-se também que a regressão logística revelou o melhor desempenho com o método do vetor de contagem, enquanto o SVM revelou o melhor desempenho com o método do vetor TF-IDF.

Quadro 4. 6 Métricas de desempenho dos modelos para a primeira e segunda experiências

Representação de características	Algoritmo	n-grama	Primeira abordagem				Segunda abordagem			
			Exatidão	**Precisão**	**Recall**	**Pontuação F1**	**Exatidão**	**Precisão**	**Recall**	**Pontuação F1**
Vectorizador de contagem	Árvore de decisão	padrão	0.954	0.854	0.805	0.827	0.951	0.842	0.813	0.827
	K Vizinhos	padrão	0.951	0.864	0.783	0.819	0.95	0.892	0.772	0.823
	Regressão logística	padrão	**0.974**	**0.912**	**0.856**	**0.88**	0.97	0.901	0.846	0.871
	Multinomial Naive Bayes	padrão	0.953	0.9	0.73	0.778	0.953	0.865	0.81	0.825
	SVM	padrão	0.972	0.906	0.837	0.866	0.968	0.916	0.823	0.862
	Árvore de decisão	(1,2)	0.956	0.875	0.813	0.838	0.953	0.858	0.83	0.843
	KNN	(1,2)	0.945	0.911	0.739	0.807	0.942	0.911	0.733	0.803
	Regressão logística	(1,2)	0.974	0.911	0.851	0.877	**0.972**	**0.909**	**0.849**	**0.876**
	Multinomial Naive Bayes	(1,2)	0.963	0.911	0.781	0.826	0.965	0.913	0.815	0.851
	SVM	(1,2)	0.973	0.916	0.84	0.873	0.969	0.918	0.828	0.866
TF-IDF	Árvore de decisão	padrão	0.945	0.835	0.813	0.822	0.946	0.834	0.815	0.823
	KNN	padrão	0.939	0.921	0.714	0.791	0.943	0.903	0.735	0.801
	Regressão logística	padrão	0.958	0.877	0.816	0.841	0.964	0.919	0.803	0.851
	Multinomial Naive Bayes	padrão	0.891	0.943	0.415	0.448	0.925	0.953	0.573	0.658
	SVM	padrão	0.971	0.908	0.837	0.867	0.968	0.921	0.823	0.864

	Árvore de decisão	(1,2)	0.942	0.821	0.817	0.818	0.943	0.82	0.815	0.816
	KNN	(1,2)	0.935	0.924	0.692	0.775	0.942	0.911	0.733	0.803
	Regressão logística	(1,2)	0.959	0.901	0.805	0.842	0.963	0.93	0.802	0.853
	Multinomial Naive Bayes	(1,2)	0.914	0.957	0.534	0.618	0.931	0.951	0.613	0.704
	SVM	(1,2)	0.973	0.926	0.839	0.874	0.969	0.93	0.825	0.868
Predefinição	Aprendizagem profunda	padrão	0.961	0.90	0.83	0.86	0.966	0.85	0.86	0.85

4.4 Classificação de dados de cibersegurança utilizando transformadores

Outra experiência realizada é a classificação dos tweets de ciberataques recolhidos utilizando transformadores. Por conseguinte, são realizadas duas experiências para classificar o conjunto de dados pré-processado utilizando transformadores com dois modelos diferentes, conforme explorado nas subsecções seguintes. Em seguida, é apresentada uma comparação entre os resultados de ambas as experiências e os das duas experiências anteriores, realizadas utilizando os modelos de classificação baseados na aprendizagem automática e na aprendizagem profunda.

4.4.1.Experiências realizadas Nesta secção, os transformadores são utilizados para classificar o conjunto de dados pré-processado, que inclui 36000 tweets, utilizando a plataforma Hugging Face (https://huggingface.co/). Trata-se de uma plataforma de ciência de dados e de comunidade que oferece ferramentas para construir, treinar e utilizar modelos de aprendizagem automática em códigos de fonte aberta. Por outras palavras, os transformadores da Hugging Face fornecem aos utilizadores APIs para acederem e utilizarem os modelos de aprendizagem automática disponíveis na plataforma. O serviço escolhido no âmbito da plataforma é o auto-train (https://huggingface.co/pricing#autotrain), que permite aos utilizadores treinar, avaliar e utilizar automaticamente modelos de aprendizagem automática actualizados e pré-treinados, gratuitamente e por um período limitado, bastando para isso carregar dados.

São realizadas duas experiências após a criação de um projeto para cada uma delas no serviço de auto-trem de plataforma. A primeira experiência é efectuada com o modelo Bert, enquanto a segunda é efectuada com o modelo Roberta-large. Para ambas as experiências, os dados pré-processados são inicialmente carregados na plataforma como textos, para serem classificados (multiclassificação) em notícias, não-notícias e de alto risco. De seguida, dez modelos, que diferem nas suas definições e parâmetros, são aplicados em cada experiência para classificar os dados.

Um dos parâmetros que difere entre os modelos Bert e Roberta-large é o vocab_size, que representa o número de vários tokens que podem ser demonstrados pelos IDs de entrada passados quando o modelo é chamado. Outro parâmetro é o hidden_size, que representa as dimensões das camadas de codificador e de pooler do modelo. O parâmetro hidden_dropout_prob, por sua vez, representa a probabilidade de desistência para todas as camadas totalmente conectadas nas camadas de embeddings, codificador e pooler, enquanto o parâmetro attention_probs_dropout_prob denota a taxa de desistência para as probabilidades de atenção.

Em cada experiência, é selecionado o melhor modelo que apresenta a pontuação macro F1 mais elevada. Esta métrica de avaliação é a única considerada em ambas as experiências devido à utilização de dados não equilibrados.

4.2.Resultados e avaliação empírica

Esta secção discute e compara os resultados obtidos nas duas experiências realizadas com transformadores. **Resultados da primeira experiência; modelo Bert**

Nesta experiência, são aplicados dez modelos diferentes de Bert para classificar o conjunto de dados pré-processado. Entre esses modelos e com base na tabela 4.7 que mostra as métricas de avaliação reveladas de todos os modelos, o melhor modelo com a pontuação macro F1 mais elevada (0,6742) é o 2635379461 blaring-cod.

Quadro 4. 7 Resultados da primeira experiência; modelo Bert

ID do modelo	Perda	Exatidão	Macro de precisão	Micro de precisão	Pesagem de precisão	Macro de recuperação	Recordar micro	Recall ponderado	Macro F1	F1 micro	F1 ponderada
#2635379461 blaring-cod	**0.0860**	**0.9723**	**0.6776**	**0.9723**	**0.9719**	**0.6708**	**0.9723**	**0.9723**	**0.6741**	**0.9723**	**0.9721**
#2635379466 salty-locust	0.0864	0.9720	0.6742	0.9720	0.9718	0.6710	0.9720	0.9720	0.6725	0.9720	0.9719
#2635379465 tesouro-falcão	0.1051	0.9717	0.6808	0.9717	0.9719	0.6757	0.9717	0.9717	0.6779	0.9717	0.9717
#2635379458 sharp-turkey	0.0931	0.9716	0.6639	0.9716	0.9715	0.6716	0.9716	0.9716	0.6676	0.9716	0.9715
#2635379462 venerated-swan	0.1052	0.9712	0.6865	0.9712	0.9701	0.6551	0.9712	0.9712	0.6701	0.9712	0.9704
#2635379463 spherical-jellyfish	0.1172	0.9702	0.6671	0.9702	0.9699	0.6636	0.9702	0.9702	0.6653	0.9702	0.9701
#2635379460 teeming-echidna	0.0914	0.9695	0.6658	0.9695	0.9698	0.6784	0.9695	0.9695	0.6720	0.9695	0.9696
#2635379467 new-dogfish	0.0927	0.9689	0.6697	0.9689	0.9700	0.6768	0.9689	0.9689	0.6728	0.9689	0.9693
#2635379464 playful-oryx	0.0904	0.9681	0.6554	0.9681	0.9694	0.6779	0.9681	0.9681	0.6662	0.9681	0.9686
#2635379459 webbed-fox	0.1143	0.9658	0.6634	0.9658	0.9665	0.6529	0.9658	0.9658	0.6571	0.9658	0.9659

4.2.1.2.Resultados da segunda experiência; Roberta - modelo grande

Nesta experiência, foram aplicados dez modelos Roberta-large diferentes para classificar o conjunto de dados pré-processado. Entre esses modelos e com base na tabela 4.8 que mostra as métricas de avaliação reveladas de todos os modelos, o melhor modelo com a pontuação macro F1 mais elevada (0,6671) é o 2636279492 ziguezague-barracuda.

Quadro 4. 8 resultados da segunda experiência; modelo Roberta-large

ID do modelo	Perda	Exatidão	Macro de precisão	Micro de precisão	Pesagem de precisão	Macro de recuperação	Recordar micro	Recall ponderado	Macro F1	F1 micro	F1 ponderada
#2636279492 ziguezague-barracuda	0.1115	0.9717	0.6720	0.9717	0.9710	0.6625	0.9717	0.9717	0.6671	0.9717	0.9713
#2636279493 well-documented-pheasant	0.1209	0.9698	0.6582	0.9698	0.9699	0.6711	0.9698	0.9698	0.6645	0.9698	0.9698
#2636279489 instructive-stork	0.1101	0.9696	0.6620	0.9696	0.9693	0.6668	0.9696	0.9696	0.6642	0.9696	0.9694
#2636279490 these-lark	0.1196	0.9684	0.6610	0.9684	0.9685	0.6642	0.9684	0.9684	0.6625	0.9684	0.9684
#2636279488 frugal-wallaby	0.1354	0.9675	0.6553	0.9675	0.9686	0.6725	0.9675	0.9675	0.6636	0.9675	0.9679
#2636279484 snoopy-frog	0.1429	0.9670	0.6498	0.9670	0.9669	0.6615	0.9670	0.9670	0.6547	0.9670	0.9668
#2636279491 stormy-crab	0.1304	0.9657	0.6406	0.9657	0.9664	0.6631	0.9657	0.9657	0.6485	0.9657	0.9655
#2636279486 black-and-white-rook	0.1510	0.9653	0.6568	0.9653	0.9647	0.6524	0.9653	0.9653	0.6546	0.9653	0.9650
#2636279487 direct-rook	0.1620	0.9474	0.4254	0.9474	0.9279	0.4607	0.9474	0.9474	0.4416	0.9474	0.9370

#2636279485 unlined-heron	0.4571	0.8694	0.4481	0.8694	0.8531	0.2578	0.8694	0.8694	0.2475	0.8694	0.8119

4.2.1.3 Discussão e comparação

Os resultados mostraram que a primeira experiência, que utilizou dez modelos Bert diferentes para classificar o conjunto de dados pré-processado, revelou que o modelo blaring-cod obteve a pontuação macro F1 mais elevada de 66,742%. Por outro lado, os resultados da segunda experiência, que utilizou dez modelos diferentes de Roberta-large, revelaram que o modelo ziguezague-barracuda obteve a pontuação macro F1 mais elevada de 66,71%. É óbvio que existe apenas uma ligeira diferença entre os dois modelos com melhor desempenho. No entanto, os modelos de classificação baseados na aprendizagem automática e na aprendizagem profunda propostos superam esses modelos, tendo sido registada uma pontuação F1 de 88% para o modelo de classificação baseado na regressão logística que foi alimentado com dados não processados e combinado com o método de representação de características do vectorizador de contagem para o intervalo de n-gramas de (1,1).

4.3. Comparação com trabalhos anteriores

A tabela seguinte mostra uma comparação entre os modelos de classificação propostos neste trabalho e alguns dos modelos mais avançados em termos do conteúdo dos dados recolhidos, do conjunto de dados utilizado, das técnicas de classificação utilizadas e da pontuação F1 revelada.

Quadro 4. 9 Comparação entre o modelo de classificação proposto e alguns trabalhos relacionados

Estudos	Conteúdo dos dados recolhidos	Conjunto de dados	Técnicas de classificação	Pontuação F1 alcançada
[26]	ameaças à cibersegurança dados relevantes	Tweets etiquetados recolhidos de 50 contas relacionadas com cibersegurança ao longo de um ano	Modelo de aprendizagem automática supervisionada; Máquina de Vectores de Suporte (SVM) de uma classe	SVM com 64,3%
[27]	debates relacionados com a cibersegurança	Tweets etiquetados recolhidos utilizando a API de amostragem do Twitter	Quatro modelos de aprendizagem automática supervisionada; Árvore de Decisão, Florestas Aleatórias, SVM e Regressão Logística	Bosques aleatórios com 93% 88-91% outros três classificadores
[28]	ameaças à cibersegurança dados relevantes	Foram recolhidos 21000 tweets etiquetados utilizando um pacote python Tweepy	Cinco modelos de aprendizagem automática; SVM, floresta aleatória, árvore de decisão, XGBoost e AdaBoost	Árvore de decisão com 87,54%
[29]	eventos sobre cibersegurança	21000 tweets etiquetados recolhidos com o Tweepy	Modelo de aprendizagem profunda; arquitetura CNN em cascata	82%
[30]	informações relativas à segurança	Tweets filtrados recolhidos utilizando a API de transmissão do Twitter	Modelo de aprendizagem profunda; arquitetura CNN	----
O método proposto	Notícias relacionadas com a cibersegurança	Rotulagem de 36071 tweets recolhidos através da API do Twitter	Cinco algoritmos de aprendizagem automática: Regressão Logística (LR), Multinomial Naive Bayes	Regressão logística com 88%

		(MNB), Árvore de Decisão (DT), K Vizinhos Mais Próximos (KNN) e Support Victor Machine (SVM) e um algoritmo de aprendizagem profunda

Pode observar-se na tabela acima que todos os modelos se centraram na recolha de tweets publicados sobre cibersegurança no Twitter. Isto deve-se à enorme quantidade de dados publicados diariamente sobre eventos ocorridos ou a ocorrer sobre cibersegurança em todo o mundo. Pode notar-se que a maior quantidade de dados foi recolhida pelo nosso método, o que equivale a 36071 tweets etiquetados. Além disso, o nosso método é o único que se baseia na adoção de algoritmos de aprendizagem profunda e de aprendizagem automática para classificar os tweets recolhidos, a fim de comparar o seu desempenho. Tanto o nosso método como o proposto em [27] revelaram resultados de F1-score semelhantes para o mesmo classificador; regressão logística. Mas o nosso modelo ainda o supera ao analisar também o uso do algoritmo de aprendizagem profunda para classificação.

4.1 Conclusão

Neste capítulo, foram efectuadas duas experiências. O primeiro tipo centrou-se no estudo do impacto da limpeza do texto no desempenho dos modelos de classificação propostos. Foi revelado que a regressão logística com vetor de contagem e intervalo de n-gramas de (1,1) unigrama que foi alimentada com dados não processados superou todos os outros modelos. Além disso, registou-se uma diminuição muito pequena na pontuação F1 da regressão logística na segunda experiência após o pré-processamento dos dados, que foi também o modelo com melhor desempenho na experiência. Esta pequena diminuição pode ser considerada ao estudar o compromisso entre a pontuação F1 do sistema e a eficiência. Por outras palavras, pode valer a pena sacrificar esta pequena diminuição do valor da pontuação F1 devido ao pré-processamento dos dados em troca da velocidade e da eficiência obtidas. É adequado no caso da aprendizagem profunda, uma vez que o número de parâmetros a calcular para obter um resultado de classificação para cada tweet é reduzido para cerca de metade, em comparação com o modelo com dados não processados.

Capítulo 5: Visualização de dados com o Tableau

Os painéis de controlo são ferramentas eficientes adoptadas para melhorar a compreensão dos dados de uma forma interactiva. Neste livro, o Tableau é utilizado para criar um painel de controlo a fim de visualizar o conjunto de dados de tweets de ciberataques recolhidos, que foram classificados utilizando o modelo de classificação baseado na regressão logística. O Tableau é a plataforma mais popular de visualização de dados e de criação de painéis de controlo. Isto deve-se à sua utilização simples e às diferentes opções de visualização que oferece, em comparação com outros produtos de software. É uma plataforma robusta de business intelligence amplamente adoptada para simplificar a gestão, a exploração, a descoberta e a partilha de dados. Também pode oferecer várias visualizações para representar e destacar os dados de forma atractiva. Outros produtos de software semelhantes são: Microsoft Power BI, Google Looker e QlikView.

Este capítulo apresenta e discute o painel de controlo do Tableau criado para visualizar interactivamente o conjunto de dados de tweets de ciberataques, que foi classificado utilizando o modelo com melhor desempenho; o modelo de classificação baseado no algoritmo de regressão logística.

5.1. Conjunto de dados

O conjunto de dados utilizado para o painel inclui 21796 tweets etiquetados, que foram classificados utilizando o modelo de classificação baseado na regressão logística. É composto por 67 colunas; (created_at, id, id_str, full_text, truncated, display_text_range, source, in_reply_to_status_id, in_reply_to_status_id_str, in_reply_to_user_id, in_reply_to_user_id_str, in_reply_to_screen_name, contributors, is_quote_status, retweet_count, favorite_count, favorited, retweeted, possibly_sensitive, lang, quoted_status_id, quoted_status_id_str, text, favorited_by, scopes, display_text_width, retweeted_status, quoted_status_permalink, quote_count, timestamp_ms, reply_count, filter_level, query, withheld_scope, withheld_copyright, withheld_in_count, possibly_sensitive_appealable, attack_name, id.1, id_str.1, name, screen_name, location, description, url, protected, followers_count, friends_count, listed_count, created_at.1, favourites_count, verified, statuses_count, profile_image_url_https, profile_banner_url, default_profile, default_profile_image, derived, withheld_scope.1, geocode, city, country_code, country_str, pred_class).

Algumas dessas colunas foram utilizadas na criação do dashboard, incluindo: o Nome do ataque, pred_class, Str do país, Nome, Texto, created_at). A coluna pred_class, por sua vez, é gerada a partir dos resultados de classificação obtidos pelo modelo de melhor desempenho para cada tweet, que é o modelo de classificação baseado em regressão logística com a representação de recursos do vectorizador de contagem e o intervalo de n-gramas definido como unigrama.

5.2 Criação do painel de controlo

O painel de controlo criado é composto por quatro folhas de trabalho básicas: mapa geográfico, tabela, três quadros e gráfico de barras. Estas folhas de trabalho são discutidas e detalhadas nas subsecções seguintes.

5.2.1. mapa geográfico

A primeira ficha de trabalho é o mapa geográfico do mundo, em que a cor de cada país representa o número de tweets publicados a partir desse país. A paleta de cores azul-petróleo é selecionada para esta folha de cálculo. As cores da paleta vão do azul-claro ao azul-escuro, sendo que quanto mais clara for a cor, menor será o número de tweets publicados pelo país. É apresentado o nome de cada país e, quando o rato passa por cima de um país, é apresentado o número exato de tweets publicados desse país. Por outro lado, o número de tweets publicados a partir de locais desconhecidos é apresentado na parte inferior direita.

Nesta folha de cálculo, são adicionados dois filtros para filtrar o mapa. O primeiro filtro segmenta o mapa, em termos do nome do ataque, em: ataque de força bruta, negação de serviço, ataque de dicionário, ataque man in the middle e ataque de palavra-passe. O segundo filtro segmenta o mapa, em termos da classe do tweet, em: não são notícias, notícias normais e notícias de alto risco. Além disso, esta folha de cálculo é considerada como o principal filtro interativo do painel de controlo, no qual, quando o utilizador clica em qualquer país, filtra todas as outras folhas de cálculo para mostrar apenas informações do país especificado. O painel de controlo inclui filtros adicionais, como listas de valores múltiplos com caixas de verificação, para que os utilizadores possam optar por filtrar os dados visualizados por vários nomes de ataques e/ou classes de tweets ao mesmo tempo.

A Figura 5.1 abaixo mostra a folha de cálculo do mapa geográfico com as suas definições, em que as linhas são definidas para longitude e as colunas para latitude. A marca colorida é utilizada para indicar o número de tweets. A coluna Country Str do conjunto de dados é utilizada para identificar o nome de cada país. Todos os filtros são apresentados e expandidos na folha de cálculo. Além disso, a dica de ferramenta é ajustada para apresentar uma frase que ilustra o número exato de tweets do país, quando se passa o rato por cima, como mostra a figura. Para apresentar o número exato de tweets, é gerado um campo, denominado Tweets, com um valor de um para contar o número de tweets no conjunto de dados.

Figura 5. 1 A ficha de trabalho do mapa geográfico.

5.2.2.Quadro

A segunda folha de cálculo é a tabela, que inclui 4 colunas: nome, texto, criado em, nome do ataque e classe. Juntamente com o nome do ataque e as classes mencionadas acima, a coluna de nome inclui os nomes das contas do Twitter, a coluna de texto inclui os textos reais dos tweets e a coluna criada inclui a data exacta de criação dos tweets no formato: ano, mês, dia, hora e minuto.

O conteúdo da folha de cálculo da tabela pode ser filtrado, pelo que, quando o utilizador clica num país, são aplicados o filtro de nome de ataque e o filtro de tweet. Isto significa que a folha de cálculo mostra apenas os tweets dos filtros especificados. O texto de um tweet é quase invisível, pelo que: para visualizar o texto completo do tweet, o utilizador pode passar o cursor sobre o texto do tweet ou clicar nele para visualizar o texto completo do tweet. Para remover a coluna em branco predefinida, que foi adicionada à direita da tabela, é criado um novo campo calculado denominado "Em branco", que contém um único espaço. A coluna Texto completo é adicionada para exibir tweets com textos limpos na tabela. Figura 5.2 abaixo**Errore. L'origine riferimento non è stata trovata.** mostra a planilha da tabela com suas configurações e sem aplicar nenhum filtro.

Figura 5. 2 A folha de cálculo Tabela.

5.2.3.Azulejos

A terceira ficha de trabalho contém mosaicos que apresentam a contagem de cada turma. Estes mosaicos são úteis para encontrar rapidamente a contagem exacta de cada turma. A folha de cálculo também precisa de ser filtrada utilizando os filtros da folha de cálculo do mapa. Para apresentar o número exato de tweets, o campo calculado "Tweets" é novamente utilizado. A folha de trabalho dos mosaicos é apresentada na figura 5.3 sem aplicar qualquer filtro, razão pela qual apresenta as contagens do conjunto de dados em bruto.

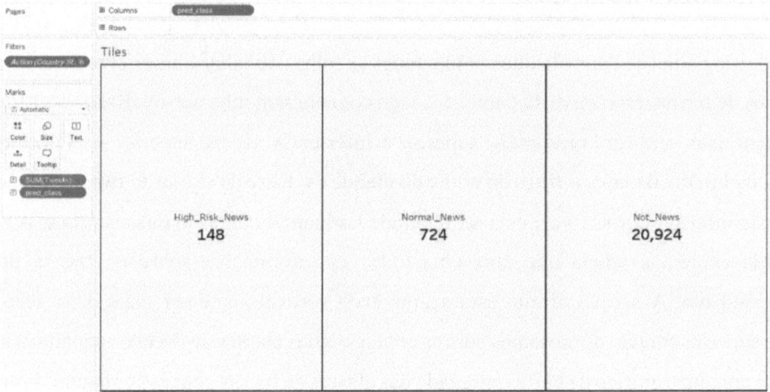

Figura 5. 3 A folha de cálculo dos azulejos.

5.2.4 Gráfico de barras

A folha de trabalho final é o gráfico de barras que apresenta as proporções de diferentes nomes de ataques agregados por classes de tweet. Cada barra neste gráfico de barras representa as contagens de um determinado nome de ataque. Além disso, as contagens exatas do nome do ataque são exibidas acima de cada barra, junto com o nome do ataque. A agregação por classe de tweet divide o gráfico de barras em três partes; uma para cada classe de tweet. A Figura 5.4 abaixo mostra o gráfico de barras com suas configurações.

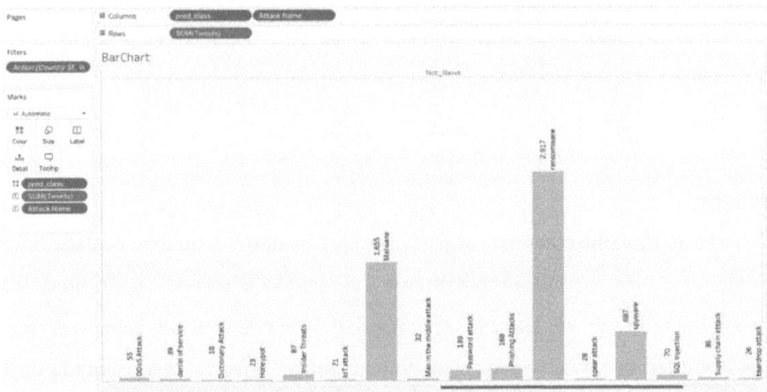

Figura 5. 4 A folha de cálculo do gráfico de barras.

5.3. Painel de controlo final

É criado um painel de controlo que contém todas as folhas de cálculo anteriores para visualizar os dados de forma interactiva. O painel é criado com um tamanho personalizado de 1300x850 e contém duas secções horizontais: superior e inferior. A secção superior contém todos os filtros, incluindo: o mapa, o filtro do nome do ataque e o filtro da classe do tweet (pred_class). A secção inferior, por sua vez, está segmentada horizontalmente em duas secções. A secção esquerda contém a tabela que apresenta todas as informações sobre os tweets do país correspondente. A secção direita está segmentada verticalmente em mais duas secções; a secção superior contém os mosaicos para as contagens das classes de tweets, enquanto a secção inferior contém o gráfico de barras agregado das classes de tweets com as contagens dos nomes de ataques.

A Figura 5.5 mostra o painel de controlo depois de clicar nos Estados Unidos como exemplo. Como mostra a figura, o painel apresenta todos os tweets dos Estados Unidos, juntamente com as suas estatísticas e segmentações de acordo com a classe do tweet e depois com o nome do ataque.

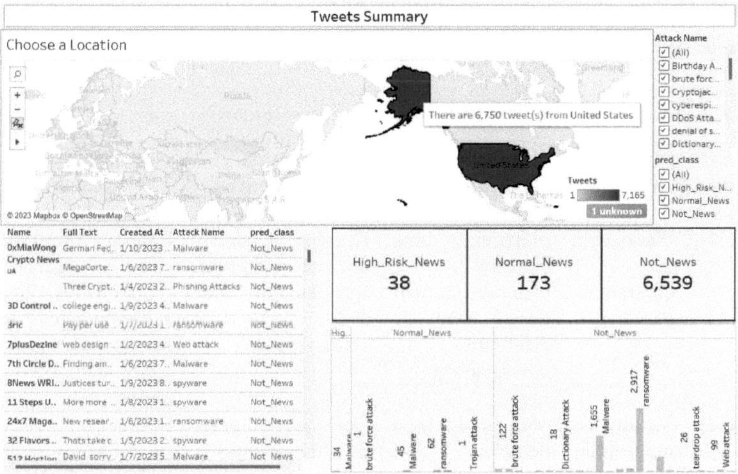

Figura 5. 5 O painel de controlo.

5.4.Comparação com trabalhos anteriores

A tabela seguinte apresenta uma comparação entre o painel e alguns dos painéis mais avançados em termos de plataforma criada, objetivo da plataforma, fases da plataforma e conjunto de dados utilizados.

Quadro 5. 1 Comparação entre o painel de classificação proposto e alguns sistemas relacionados

Estudos	Plataforma criada	Objetivo da plataforma	Fases da plataforma	Conjunto de dados
[31]	Plataforma de ciberameaças	oferecendo uma deteção e visualização em tempo real de diferentes ciberataques	Recolha de dados de fontes internas, agrupamento de dados e visualização	Fontes internas, como registos relacionados com a organização, e fontes externas de dados disponíveis na Internet
[32]	Sistema de mapeamento e análise do Sistema de Informação Geográfica (SIG)	oferecendo uma deteção em tempo real de ciberataques na Universidade do Norte da Florida	Deteção de locais de ciberataques e cartografia dos locais utilizando o SIG	Dados relacionados com a Universidade do Norte da Florida
[33]	sistema protótipo	Recolha e análise automática de dados sobre cibersegurança publicados no Twitter	Recolha de dados do Twitter, processamento e análise de dados utilizando NLP e indexação e visualização de dados	Posts no Twitter recolhidos através da API de streaming do Twitter
[34]	Sistema baseado em PNL e aprendizagem automática	Análise de documentos relacionados com a cibersegurança publicados na Internet.	Simetria, ajustamento automático utilizando o modelo NLP e extração, análise e apresentação de dados relacionados	Dados recolhidos de documentos utilizando o modelo NLP
O método pro	Painel de controlo do Tableau	aceder livre e rapidamente a um mapa visual em tempo real para ver	Recolha de dados, pré-processamento de dados, rotulagem de dados,	21796 tweets etiquetados recolhidos através da API do Twitter

post o	informações essenciais sobre os ataques, as suas localizações, a hora da ocorrência e os nomes	representação de características, classificação de dados, avaliação e visualização de dados

Com base na tabela acima, é evidente que os sistemas propostos em [31]e [32]estão limitados à visualização de dados recolhidos apenas de regiões específicas. Por outro lado, o nosso trabalho e os de [34] e [35] recolhem dados publicados na Internet de todo o mundo. Além disso, os três trabalhos adoptam a PNL no processamento e análise dos dados recolhidos. A principal diferença entre estes três trabalhos é que o trabalho proposto em [34] baseia-se na recolha de dados de documentos, enquanto o nosso trabalho e o de [35] baseiam-se na recolha de dados do Twitter utilizando a API de fluxo contínuo do Twitter. O nosso painel de controlo fornece um complemento valioso para as organizações, pois basta clicar num país para que o painel de controlo apresente todos os tweets desse país, juntamente com as suas estatísticas e segmentações de acordo com a classe do tweet e o nome do ataque.

5.5.Conclusão

Foi criado um painel de controlo eficiente e atrativo utilizando a plataforma Tableau para visualizar os tweets recolhidos. Ao clicar em qualquer país no painel, são apresentados diretamente vários tipos de informação, incluindo: o número de tweets publicados a partir desse país, a classificação desses tweets com o número de tweets em cada classe, estatísticas que mostram as contagens e os nomes dos ataques e uma tabela que inclui os tweets completos, as horas de publicação, os nomes dos ataques e a classe dos tweets. Por conseguinte, este painel de controlo é um complemento valioso para as organizações e os utilizadores, pois ajuda-os a apresentar todos os tipos de informação que pretendem de uma forma simples e atractiva.

Capítulo Seis: Conclusão e trabalhos futuros

Este livro propôs a recolha de um conjunto de dados de tweets de ciberataques e a criação de diferentes modelos de classificação baseados na aprendizagem automática e na aprendizagem profunda para classificar o conjunto de dados. Em seguida, propôs a criação de um painel de controlo baseado no Tableau para representar visualmente os dados recolhidos no mapa-mundo. A conclusão que se segue revela até que ponto o âmbito e os objectivos propostos foram alcançados com êxito.

6.1.Conclusão

O trabalho deste livro é iniciado com a construção de um conjunto de dados de tweets de ciberataques que inclui os últimos tweets publicados sobre ciberataques, recolhidos utilizando a API do Twitter. Os tweets recolhidos foram anotados por 3 anotadores diferentes para os classificar em três classes diferentes: notícias de alto risco, notícias normais e não notícias. O processo de anotação baseou-se na votação maioritária para atribuir uma etiqueta a cada tweet, em que cada tweet que foi rotulado com uma classe diferente por cada anotador foi negligenciado. O conjunto de dados final é desequilibrado, sendo composto por 31231 tweets de não notícias, 3948 tweets de notícias normais e 892 notícias de alto risco.

Foram então propostos e construídos diferentes modelos de classificação de aprendizagem automática e de aprendizagem profunda para classificar o conjunto de dados recolhidos e rotulados. Os modelos são compostos por quatro fases principais: pré-processamento, representação de características, classificação e avaliação. Foram realizadas duas experiências separadas para avaliar o efeito do pré-processamento de dados no desempenho da classificação. Assim, a primeira experiência baseou-se em alimentar os modelos com tweets não processados, enquanto a segunda experiência se baseou em alimentar os modelos com dados pré-processados. Os principais pré-processamentos aplicados aos dados na segunda experiência são a filtragem e a limpeza, em que foram removidas informações irrelevantes, como pontuações, caracteres repetidos, menções e palavras de paragem. Na fase de representação das características, são adoptados os métodos de vectorização de tokens e de vectorização TF-IDF com o seu intervalo de n-gramas, que é definido como unigramas e unigramas ou bi-gramas. Estes métodos ajudam a converter as palavras em características numéricas a utilizar no processo de classificação, com base na sua modelação sob a forma de vectores, que serão depois adoptados no treino de cada classificador.

Na fase de classificação, são adoptados cinco algoritmos de aprendizagem automática: regressão logística, multinomial naïve Bayes, máquina de vectores de apoio, árvores de decisão e K-vizinhos mais próximos, juntamente com um algoritmo de aprendizagem profunda, para classificar o conjunto de dados recolhido em ambas as experiências realizadas. Na fase final, foi efectuada uma comparação entre todos os modelos de classificação com base no cálculo da sua pontuação F1, em que o modelo com a pontuação F1 mais elevada oferece o melhor desempenho. A razão subjacente à escolha da pontuação F1 como principal métrica de avaliação deve-se à utilização de dados não equilibrados. Os resultados de ambas as experiências revelaram que o algoritmo de regressão logística com o método de representação de características do vetor de fichas e o intervalo de n-gramas definido para unigramas apenas na primeira experiência registou a pontuação F1 mais elevada. O segundo modelo com melhor desempenho é também a regressão logística com vectorização de tokens, mas com o intervalo de n-gramas definido para unigramas e bigramas na segunda experiência. Este modelo obteve apenas menos 0,4% de pontuação F1, o que pode ser considerado insignificante, uma vez que os modelos utilizaram os dados limpos.

O modelo de aprendizagem profunda considerado em ambas as experiências é composto por uma camada de incorporação, uma camada de pooling máximo global e duas camadas densas. Registou uma pontuação F1 de 85% e 86% na primeira e segunda experiências, respetivamente. Foi efectuada outra experiência para estudar o efeito da utilização de transformadores no desempenho da classificação. Os resultados revelaram que a regressão logística na primeira experiência revelou o valor mais elevado de pontuação F1 de 88%.

Para avaliar o compromisso entre a pontuação F1 do modelo e a eficiência, é considerada a pequena redução na pontuação F1. Isto é verdade para o modelo de aprendizagem profunda, porque o número de parâmetros a calcular para cada tweet diminuiu para metade. Para os modelos com dados não limpos, a pontuação F1 foi reduzida em 1%, o que pode ser considerado como uma ligeira diminuição em alguns casos. Por outras palavras, esta pequena redução na pontuação F1, devido à limpeza do texto, pode valer a pena sacrificar a velocidade e a eficiência obtidas.

O modelo final com melhor desempenho, que é o modelo baseado na regressão logística com o método de representação de características vectorizado por token e o intervalo de n-gramas definido como unigramas, foi então adotado no painel criado com base no Tableau. O modelo classificou 21796 tweets pré-processados para serem visualizados de forma interactiva no painel. Ao clicar em qualquer país do painel, são apresentados diretamente vários tipos de informação, incluindo o número de tweets publicados a partir desse país, a classificação desses tweets com o número de tweets em cada classe, estatísticas que mostram as contagens e os nomes dos ataques e uma tabela que inclui os tweets completos, as horas de publicação, os nomes dos ataques e as classes de tweets. Por conseguinte, este painel de controlo é um complemento valioso para as organizações e os utilizadores, pois ajuda-os a apresentar todos os tipos de informação que pretendem de uma forma simples e atractiva.

6.2.Trabalhos futuros

Devido ao desequilíbrio dos dados no conjunto de dados, podem ser aplicados outros modelos e algoritmos, para além da realização de várias experiências. Outra sugestão é recolher e anotar mais tweets, aumentando o número de anotadores para reduzir os erros humanos. Além disso, o componente de reconhecimento de entidades nomeadas (NER) pode ser adicionado aos modelos para melhorar a localização.

Referências

[1] Dawson, J. e Thomson, R. 2018, "The future cybersecurity workforce: Goingbeyond technical skills for successful cyber performance", *Frontiers in Psychology*,9(JUN), pp. 1-12.

[2] Ponemon, I. 2017, "2017 Cost of Data Breach Study, Global Overview", *IBM Security*.

[3] Ifinedo, P., 2014, "Conformidade com a política de segurança dos sistemas de informação: An empirical study of the effects of socialisation, influence, and cognition",*Information & Management*, vol. 51, no. 1), pp. 69-79.

[4] Jang-Jaccard, J., e Nepal, S., 2014, "A survey of emerging threats in cybersecurity", *Journal of Computer and System Sciences*, vol. 80, no. 5, pp. 973-993.

[5] Gehem, M., Usanov, A., Frinking, E., &Rademaker, M., 2015, "Assessing cyber security: A meta-analysis of threats, trends, and responses to cyber-attacks", *The Hague Centre for Strategic Studies*. Obtido em https://hcss.nl/sites/default/files/files/reports/HC SS_Assessing_Cyber_Security.pdf

[6] Pyrhönen, E. 2019, *Hack the design system*. Editora Idean. Disponível em: idean.com/learn.

[7] Jung, P. W., 2011, "A critical analysis on the concept of "cyber cecurity"", *Yonsei Journal of Medical and Science Technology Law*, vol. 2, n.º 2, pp. 1-25.

[8] Spencer, B., Furche, T., Gottlob, G., Fayzrakhmanov, R.R. e Sallinger, E, 2018, "Browser- less web data extraction: challenges and opportunities. *Na Conferência da Web*, França, pp. 1095-1104

[9] Raggad, B. G. 2010, "Information security management: Concepts and practice", *Nova Iorque: CRC Press.*

[10] Salas S. e Sapienza, A., 2018, "Using google analytics to support cybersecurity forensics", *In IEEE International Conference on Data Mining Workshops (ICDMW),*NewOrleans, Louisiana, USA, pp. 667-674

[11] Csoonline, 2018, "the biggest data breaches", Disponível em linha: https://www.csoonline.com/artic le/2130877/data-breach/the-biggest-data-breaches-of-the-21st century.html. As 17 maiores violações de dados do século XXI.

[12] Oracle, 2023, "What is Natural Language Processing?", Disponível online: https://www.oracle.com/ae/artificial-intelligence/what-is-natural-language-processing/

[13] Yadav, S., Tomer, S., Apurva, A. , Ranakoti, P. e Roy, N.R., 2017, "Redefinir a cibersegurança com a análise de grandes volumes de dados", *na Conferência Internacional sobre Tecnologias de Computação e Comunicação para uma Nação Inteligente (IC3TSN),* pp. 199-203

[14] Sabottke, C., Suciu, O. e Dumitras, T., 2015, "Vulnerability Disclosure in the Age of Social Media: Exploiting Twitter for Predicting Real-World Exploits", em Proc. do 24.º Simpósio de Segurança da USENIX (USENIX Security 15). Associação USENIX

[15] Attarwala, A., Dimitrov, S., e Obeidi, A., 2017, "How efficient is Twitter: Predicting 2012 U.S. presidential elections using Support Vetor Machine via Twitter and comparing against Iowa Electronic Markets," in Intelligent Systems Conference.

[16] Sarikaya, A., Correll, M., Bartram, L., Tory, M, 2015, "Whatdo we talk about when we talk about dashboards?", *IEEE Transactions on Visualizationand Computer Graphics*. Disponível em:https://research.tableau.com/sites/default/files/DashboardsConspiracy_final.pdf.

[17] Few, S, 2006, "Information Dashboard Design", *O'Reilly Press*.

[18] Andra, C., 2019, Applying design system in cybersecurity dashboard development, *tese apresentada para cumprimento do programa de mestrado em inovação nas TIC - Interação Humano-Computador e* Design, Universidade de Aalto , Escola de Ciências

[19] Threat stream, 2015, "ThreatStream - threat intelligence platform", [em linha]: disponível em: www.threatstream.com, setembro de 2015

[20] Threat connect, 2015, "ThreatConnect - threat intelligence platform," [online]: disponível em: www.threatconnect.com, Sep 2015

[21] SentinelOne, 2019,The History of Cyber Security - Everything You Ever Wanted to Know, [online]: disponível em: https://www.sentinelone.com/blog/history-of-cyber-security/

[22] Alruily, M, 2020, "Issues of dialetal Saudi twitter corpus. International Arab Journal of Information Technology", vol. 17, no. 3, pp. 367-374

[23] DataReportal, 2021, Disponível em linha: Https://datareportal.com/social-media-users.

[24] Statista, Número de utilizadores activos diários monetizáveis do Twitter (mDAU) em todo o mundo do 1º trimestre de 2017 ao 2º trimestre de 2022, 2023, [online]: disponível em: https://www.statista.com/statistics/970920/monetizable-daily-active-twitter-users-worldwide/ 2023

[25] finances online Number of Twitter Users 2022/2023: Demographics, Breakdowns & Predictions, 2023, [online]: disponível em: https://financesonline.com/number-of-twitter-users/2023

[26] Le, B. D., Wang, G., Nasim, M., Babar, M. A., 2019, "Gathering Cyber Threat Intelligence from Twitter Using Novelty Classification", *2019 International Conference on Cyberworlds (CW)*, pp. 316-323

[27] Mahaini, M. I., e Li, S., 2021, "Detecting Cyber Security Related Twitter Accounts and Different Sub-Groups: A Multi-Classifier Approach", *Conferência Internacional IEEE/ACM sobre Avanços na Análise e Exploração de Redes Sociais*, pp. 599-606

[28] Deshmukh, R., Shinde, S., Yadav, B., Pathak, A., e Shetty, A., 2022, "Darkintellect: An Approach to Detect Cyber Threat Using Machine Learning Techniques on Open-Source Information", *Mathematical Statistician and Engineering Applications*, Vol. 71 No. 4

[29] Behzadan, V., Aguirre, C., Bose, A., & Hsu, W., 2018, "Corpus e classificador de aprendizagem profunda para recolha de indicadores de ciberameaças no fluxo do Twitter". *Em 2018, Conferência Internacional do IEEE sobre Big Data (Big Data)*, pp. 5002-5007

[30] Dionísio, N., Alves, F., Pedro, Ferreira M., e Bessani, A., 2019, "Cyberthreat Detection from Twitter using Deep Neural Networks", IJCNN 2019. Conferência Internacional Conjunta sobre Redes Neurais. Budapeste, Hungria.

[31] Carvalho, V. S., Polidoro, M. J., e Magal, J.P., 2016, "OwlSight: Plataforma para deteção e visualização em tempo real de ameaças cibernéticas", IEEE 2nd International Conference on Big Data Security on Cloud, IEEE International Conference on High Performance and Smart Computing, IEEE International Conference on Intelligent Data and Security

[32] Hui, Z., Baynard, C., Hu, H., e Fazioi, M., 2016, "Mapeamento SIG e análise espacial de ataques de cibersegurança numa universidade da Florida"

[33] Vadapalli, S. R., Hsieh, G., e Nauer, K. S., 2018, "TwitterOSINT: recolha e análise automatizadas de informações sobre ameaças à cibersegurança utilizando dados do Twitter", Segurança e Gestão

[34] Georgescu, T. M. 2020, "Modelo de processamento de linguagem natural para análise automática de documentos relacionados com a cibersegurança", Symmetry

[35] Makice, K., 2009, "Twitter API: Em funcionamento: Aprenda a criar aplicações com a API do Twitter", O'Reilly Media, Inc.

[36] Fleiss, J. L., 1971, "Measuring nominal scale agreement among many raters. Psychological bulletin", vol. 76, no. 5, p.378.

[37] Landis, J. R., e Koch, G. G., 1977, "The measurement of observer agreement for categorical data. Biometrics", pp. 159-174.

[38] Pedregosa, F., Varoquaux, G., Gramfort, A., Michel, V., Thirion, B., Grisel, O, e Vanderplas, J., 2011, "Scikit-learn: Aprendizagem automática em Python. Journal of machine learning research", vol. 12, pp. 2825-2830.

[39] Salton, G., e Buckley, C., 1988, "Term-weighting approaches in automatic text retrieval. Information processing & management", vol. 24, no. 5, pp. 513-523.

[40] Hoi, S. C., Jin, R., e Lyu, M. R., 2006, "Large-scale text categorization by batch mode active learning", In Proceedings of the 15th international conference on World Wide Web, pp. 633-642

[41] Komarek, P., e Moore, A. W., 2005, "Making logistic regression a core data mining tool with tr-irls", In Fifth IEEE International Conference on Data Mining (ICDM'05).

[42] Zhang, J., Jin, R., Yang, Y., e Hauptmann, A. G., 2003, "Modified logistic regression: An approximation to SVM and its applications in large-scale text categorization", In ICML (3), pp. 888-895.

[43] Vidhya, K. A, and Aghila G., 2010, "A Survey of Naïve Bayes Machine Learning approach in Text Document Classification", International Journal of Computer Science and Information Security, vol. 7, no. 2.

[44] Landis, J. R., e Koch, G. G., 1977, "The measurement of observer agreement for categorical data", biometrics, pp. 159-174.

[45] Uddin, S. Khan, A. Hossain, E., e Ali Moni, M., 2019, "Comparação de diferentes algoritmos de aprendizagem automática supervisionada para a previsão de doenças", Uddin et al. BMC Medical Informatics and Decision Making, pp. 19-281

[46] Ben-Hur, A., e Weston, J. 2010, "A user's guide to support vetor machines. Em Data mining techniques for the life sciences", pp. 223-239

[47] Joachims, T., 1998, "Text categorization with support vetor machines: Learning with many relevant features", In European conference on machine learning, pp. 137-142, Springer, Berlin, Heidelberg.

Printed by Books on Demand GmbH, Norderstedt / Germany